"十三五"国家重点出版物出版规划项目

先进制造理论研究与工程技术系列

PRACTICAL GUIDANCE FOR SURVEYING AND MAPPING PARTS IN MECHANICAL DRAWING

机械制图零部件测绘实践指导书

赵菊娣　王义平　许　磊　主编

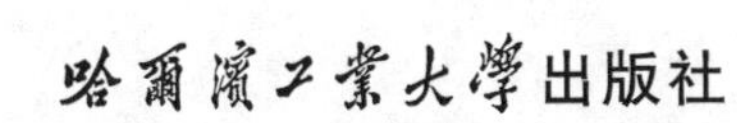

哈爾濱工業大學出版社

内 容 简 介

本书内容共8章，包括零部件测绘的目的和任务，徒手绘图的方法，常用的测量工具以及测量方法，典型零件的测绘，测绘准备工作，直齿圆柱齿轮减速器的拆装与测绘，偏心柱塞泵的拆装与测绘，直齿圆柱齿轮减速器测绘实验报告、答辩和成绩评定。

本书可以作为普通高等院校本科、专科以及高等职业院校机械类专业的教材，也可以作为课程设计的参考用书。

图书在版编目(CIP)数据

机械制图零部件测绘实践指导书/赵菊娣，王义平，许磊主编. —哈尔滨：哈尔滨工业大学出版社，2021.6(2025.1 重印)

ISBN 978-7-5603-9331-5

Ⅰ.①机… Ⅱ.①赵… ②王… ③许… Ⅲ.①机械元件-测绘 Ⅳ.①TH13

中国版本图书馆 CIP 数据核字(2021)第 014343 号

策划编辑 许雅莹

责任编辑 王 娇 谢晓彤 惠 晗

封面设计 刘长友

出版发行 哈尔滨工业大学出版社

社 址 哈尔滨市南岗区复华四道街 10 号 邮编 150006

传 真 0451-86414749

网 址 http://hitpress.hit.edu.cn

印 刷 哈尔滨市工大节能印刷厂

开 本 787 mm×1 092 mm 1/16 印张 8.75 字数 218 千字

版 次 2021 年 6 月第 1 版 2025 年 1 月第 3 次印刷

书 号 ISBN 978-7-5603-9331-5

定 价 24.00 元

前　言

“机械制图”是机械类及近机类专业一门重要的基础课程，它是学习机械零件、一系列后续课程、课程设计及毕业设计必不可少的理论基础，同时又是毕业后技术工作的理论基础。但是如果只是停留在理论知识的掌握，而不进行实际的训练，学生没有一个感性的认识和实践过程，将会影响后续课程的学习，所以机械制图的测绘实践过程非常重要，是一个必不可少的实践环节。

学生在学习“画法几何及机械制图”课程后，通过零部件测绘环节，综合应用所学知识可以巩固、提高工程图形绘制与处理能力，为后续课程及毕业设计打下坚实的基础。

本书的主要特点如下：

(1)从掌握零件测绘的方法和步骤开始，引出部件的拆装次序、方法和步骤，由浅入深，循序渐进，符合学生对仿制、改进、设计及维修机器与部件的认知过程，为学生打下重要的专业基础。

(2)本书体系完整，由零部件测绘的目的和任务，徒手绘图的方法，常用的测量工具以及测量方法，典型零件的测绘，测绘准备工作，直齿圆柱齿轮减速器的拆装与测绘，偏心柱塞泵的拆装与测绘及直齿圆柱齿轮减速器测绘实验报告、答辩和成绩评定八个部分组成。

(3)本书内容与机械设计紧密结合，帮助学生掌握常用标准的查表方法，正确使用参考资料、手册、标准及规范；能较好地选择零件材料，正确表达零部件的工艺结构；会初步分析、选择并在图样上正确标注和书写表面粗糙度、极限与配合、几何公差、材料牌号、技术要求。

(4)本书融入了计算机绘图的测绘环节，可以极大地提高测绘效率，缩短测绘周期，适应经济社会发展和科技进步的需要。

(5)本书体现了教学内容弹性化、教学要求层次化和教学结构模块化，有利于按需施教、因材施教，制图基础，零件图、装配图和计算机绘图可以系统教学，也可以按需取舍。

本书可以作为普通高等院校本科、专科以及高等职业院校机械类专业的教材，也可以作为课程设计的参考用书。

本书由华东理工大学机械与动力工程学院赵菊娣任第一主编，中国石油大学(北京)克拉玛依校区工学院王义平任第二主编、许磊任第三主编。中国石油大学(北京)克拉玛依校区工学院机械 19 级杨华斌同学负责附录表格的整理，华东理工大学林大钧教授对本书进行了审阅，在此深表谢意！

由于水平有限，书中的疏漏和不足之处在所难免，恳请广大读者批评指正。

编　者

2021 年 1 月 5 日

目　　录

第1章 零部件测绘的目的和任务

零部件测绘是对现有的零件或部件进行实物测量,绘出全部非标准件零件的草图,再根据这些草图绘制出装配图和零件图的过程(简称测绘)。它在对现有设备的改造、维修、仿制和先进技术的引进等方面有重要的意义,因此,测绘是工程技术人员应该具备的基本技能。学生在学习“画法几何与机械制图”课程后,进一步学习零件图和装配图的绘制方法,是综合运用所学知识的一次大型作业,也是反映和检查“机械制图”课程学习质量的最好手段。

1.1 零部件测绘的目的

(1)掌握部件测绘的方法和步骤。

(2)了解部件的拆装次序、方法和步骤。

(3)掌握画装配示意图的方法。

(4)掌握画零件草图的方法和步骤。

(5)熟练地掌握零件图和装配图的画法。

(6)能初步分析和确定零件图的表面粗糙度和技术要求,能初步分析和确定装配图上的公差配合和技术要求。

(7)能初步分析和确定零部件的工艺结构和材料。

(8)掌握常用标准的查表方法,正确使用参考资料、手册、标准及规范等。

(9)培养独立分析和解决实际问题的能力,为后续课程的学习及今后的工作打下基础。

(10)培养团结协作的团队精神、严谨认真的学习态度和工作作风。

1.2 零部件测绘的任务

(1)了解并熟悉测绘对象的用途、工作原理、拆装顺序及各零件之间的装配关系。

(2)学会使用测量工具,掌握测量方法。

(3)掌握国家标准《机械制图》的有关规定,能熟练使用相关的机械设计手册和标准手册。

(4)能够对零件进行分类,测量标准件尺寸,查出标准件的规格、代号,列出标准件以及一般零件的明细表。

(5)能够使用常规测量工具和测量方法,绘制装配示意图和零件草图(正确选择表达方案,合理布图,注全尺寸,标注表面粗糙度、尺寸公差及相关的技术要求)。

(6)能够根据装配示意图和零件草图绘制部件装配图。

(7)能够根据零件草图和部件装配图利用尺规或软件(如 AutoCAD)绘制零件工作图及

装配图。

(8)按照要求撰写实验报告,参加答辩。

1.3 零部件测绘的内容和进度计划

零部件测绘的内容和进度计划见表1.1。

表1.1 零部件测绘的内容和进度计划

时间	内容	备注(任务)
第1天	讲课,借模型,装拆模型,分析结构,分析工作原理,画装配示意图,小组分工	每人完成1张装配示意图
第2天 第3天	完成零件草图的视图表达	小组分工完成1套
第4天	完成零件草图的尺寸标注及列出零件明细表	小组分工完成1套
第5天 第6天	完成零件图(计算机绘图)	小组分工完成1套
第7天	完成装配图(计算机绘图)	每人完成1张
第8天	完成零件图(尺规画图)	每人完成1~2张零件图
第9天	写测绘实践实验报告	每人完成1份
第10天	答辩,归还测绘部件、仪器,交作业	

第2章 徒手绘图的方法

草图是指不借助绘图工具，目测形状和大小，徒手绘制的图样，其内容同图纸图样。

绘图要求如下：

（1）画线平稳，图线要清晰。

（2）目测尺寸要准。

（3）各部分比例匀称。

（4）绘图速度要快。

（5）标注尺寸无误，字体工整。

徒手画直线的姿势与方法如图2.1所示，徒手画30°、45°、60°斜线和圆的示例如图2.2和图2.3所示。

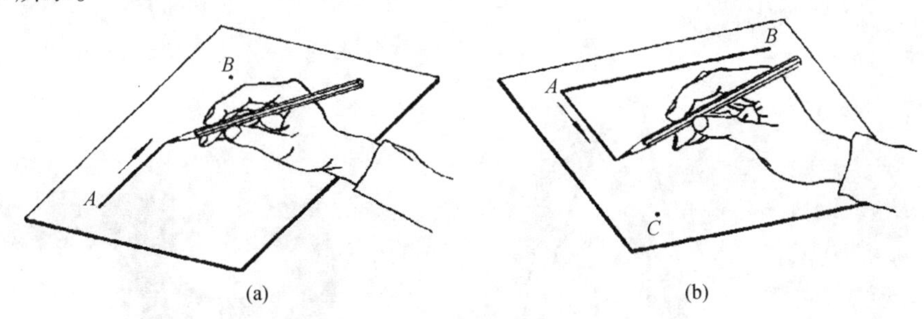

图2.1　徒手画直线的姿势与方法

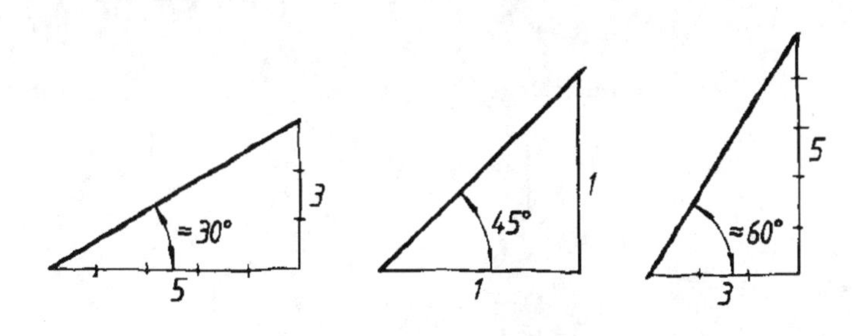

图2.2　徒手画30°、45°、60°斜线

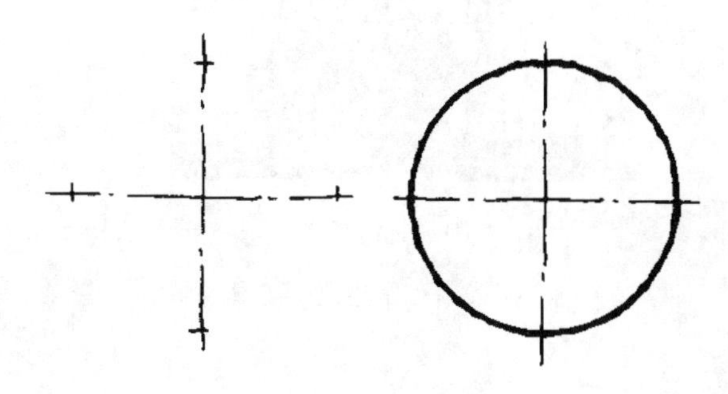

图2.3　徒手画圆

第3章 常用的测量工具以及测量方法

3.1 常用的测量工具

测量尺寸常用的工具有钢直尺、外卡钳和内卡钳；测量较精确的尺寸则用游标卡尺、千分尺或其他工具。常用测量工具如图3.1所示。

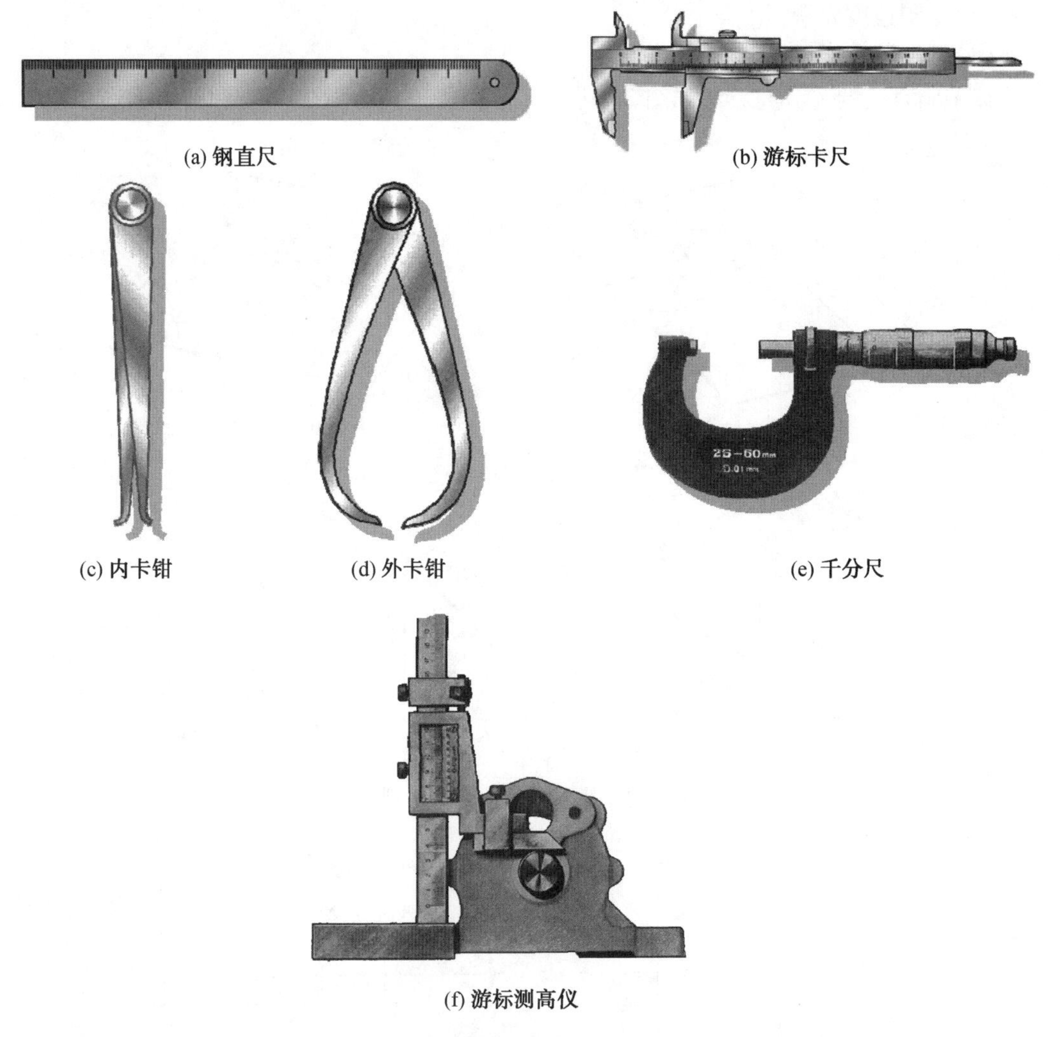

(a) 钢直尺　(b) 游标卡尺　(c) 内卡钳　(d) 外卡钳　(e) 千分尺　(f) 游标测高仪

图3.1　常用测量工具

3.2 常用的测量方法

1. 测量长度、高度尺寸的方法

一般可用钢直尺或游标卡尺直接测量长度尺寸，游标测高仪测量高度尺寸，如图3.2和图3.3所示。

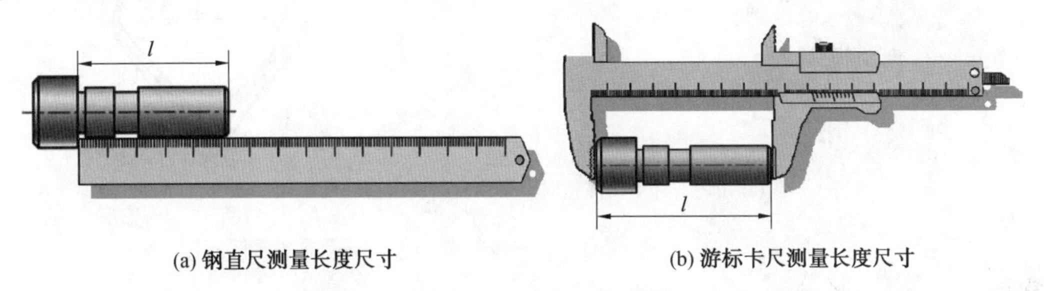

(a) 钢直尺测量长度尺寸　　(b) 游标卡尺测量长度尺寸

图3.2　测量长度尺寸

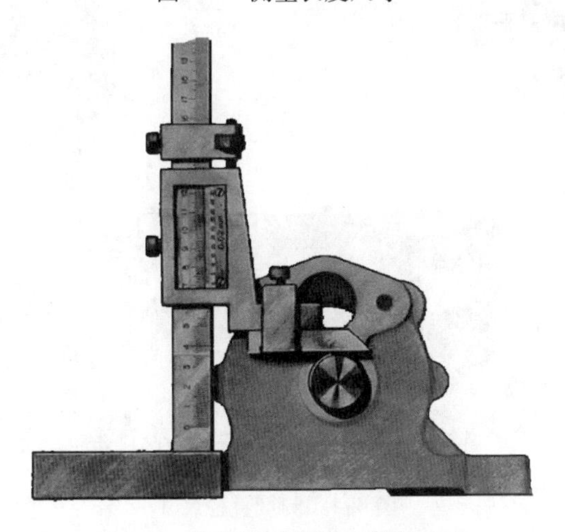

图3.3　游标测高仪测量高度尺寸

2. 测量回转面直径尺寸的方法

用内卡钳测量内径，外卡钳测量外径。测量时，要把内、外卡钳上下、前后移动，测得最大值为其直径尺寸，测量值要在钢直尺上读出。遇到尺寸精确的表面，可用游标卡尺测量，方法与用内、外卡钳相同。测量直径尺寸如图3.4所示。

3. 测量壁厚尺寸及孔中心距

一般可用钢直尺直接测量壁厚；若不能直接测出，可用内、外卡钳与钢直尺组合，间接测出壁厚。可用内、外卡钳或游标卡尺测量孔的中心距。壁厚、孔中心距的测量方法如图3.5所示。

4. 测量中心高

利用钢直尺和内卡钳可测出孔的中心高，也可用游标测高仪测量中心高，如图3.6所示。

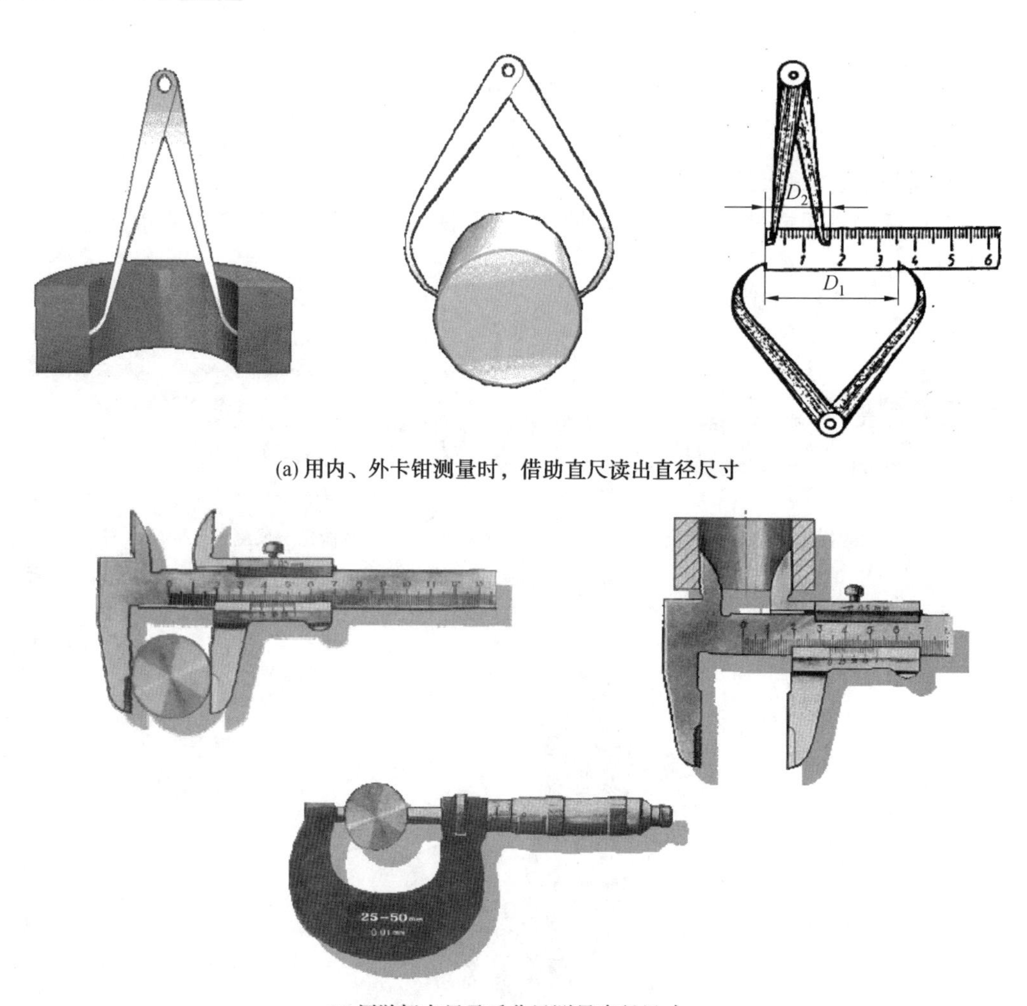

(a) 用内、外卡钳测量时，借助直尺读出直径尺寸

(b) 用游标卡尺及千分尺测量直径尺寸

图 3.4　测量直径尺寸

5. **测量圆角**

一般可用圆角规测量圆角。图 3.7 所示是一组圆角规,每组圆角规有很多片,一半测量外圆角,一半测量内圆角,每一片上都标着圆角半径的数值。测量时,只要在圆角规中找到与零件被测部分的形状完全吻合的一片,就可以从片上得知圆角半径的大小。测量小圆角和内外圆角如图 3.8、图 3.9 所示。

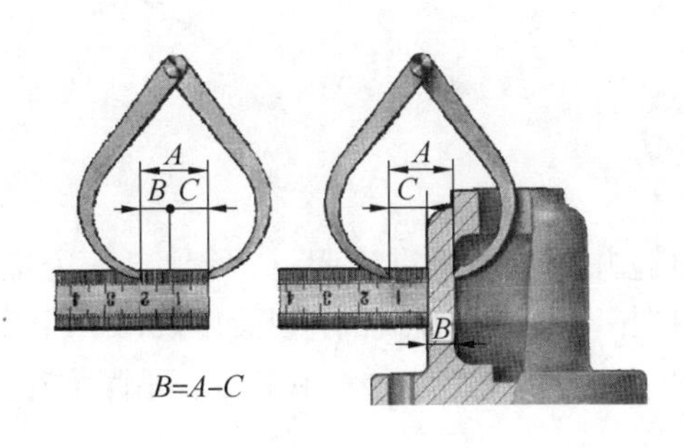

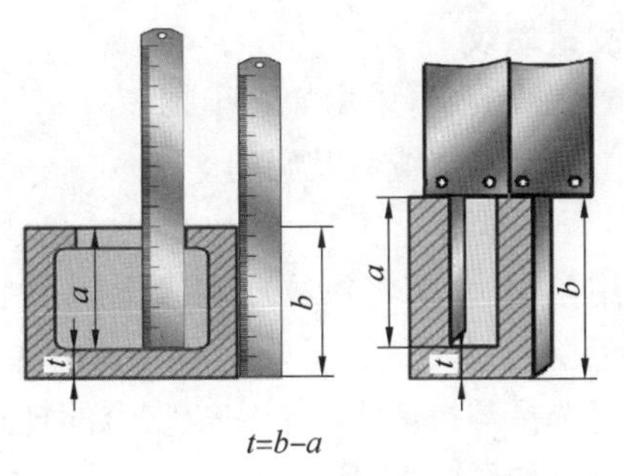

(a) 测量壁厚

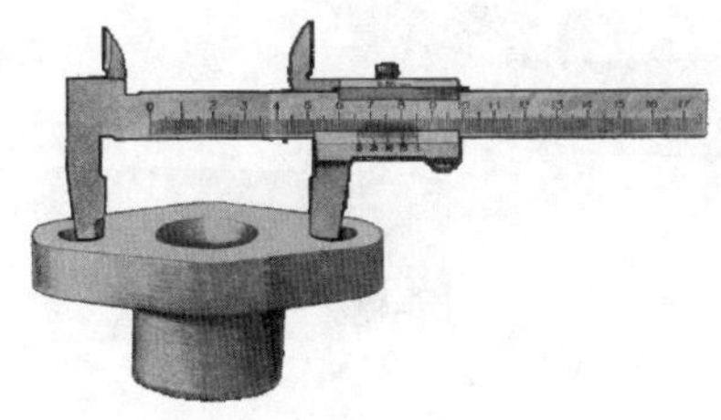

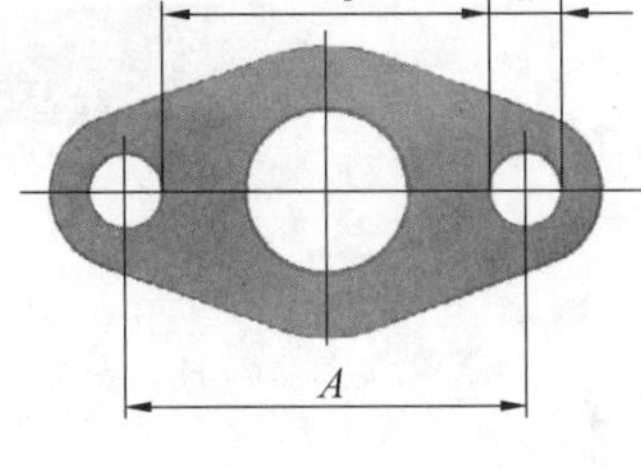

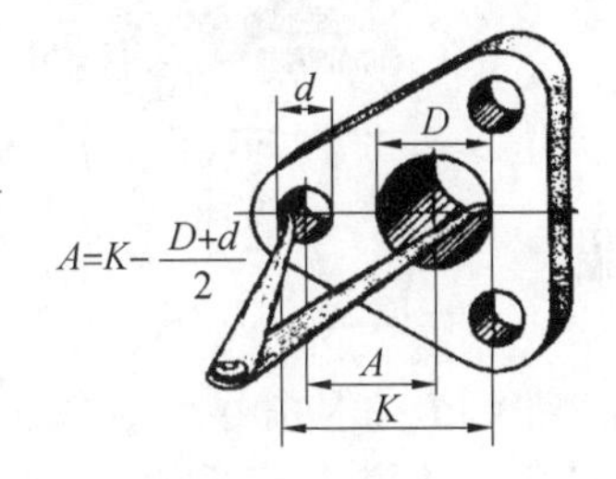

(b) 测量孔中心距

图3.5 壁厚、孔中心距的测量方法

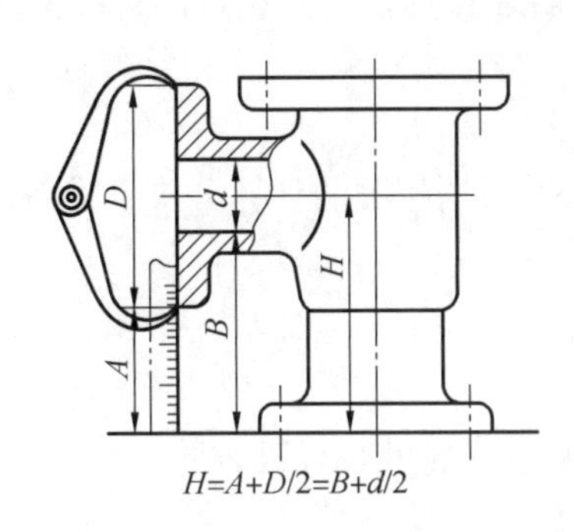

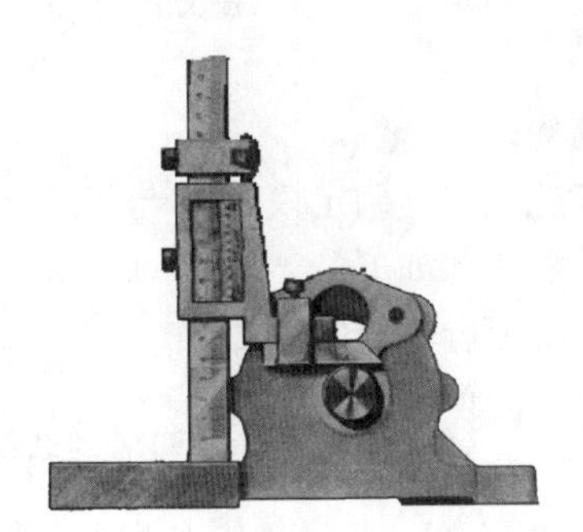

图3.6 测量中心高

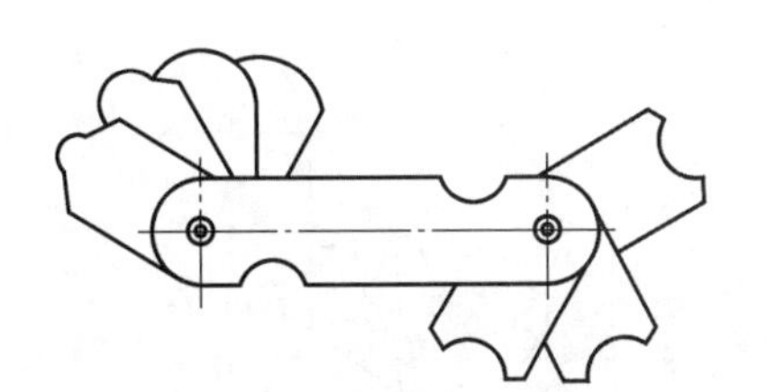

图3.7 圆角规

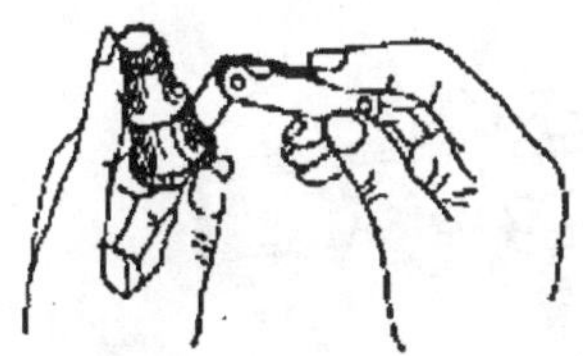

图3.8 测量小圆角

图3.9 测量内外圆角

6. 测量螺纹

测量螺纹时,可采用如下步骤:

(1) 确定螺纹线数及旋向。

(2) 测量螺距。

可用拓印法,即将螺纹放在纸上压出痕迹并测量。为准确起见,可量出几个螺距长度(p),然后除以螺距的数量(n),即 $P = p/n$,用拓印法测量螺纹的螺距如图3.10所示。也可用螺纹规选择与被测螺纹能完全吻合的规片,其上刻有螺纹牙型和螺距,可直接确定,螺纹规测量螺纹如图3.11所示。

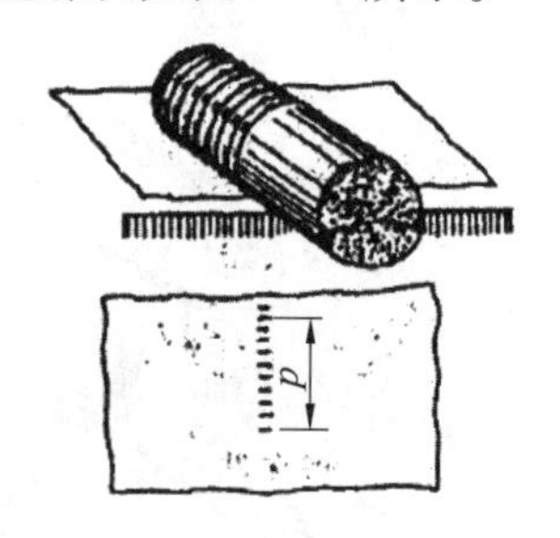

图3.10 用拓印法测量螺纹的螺距

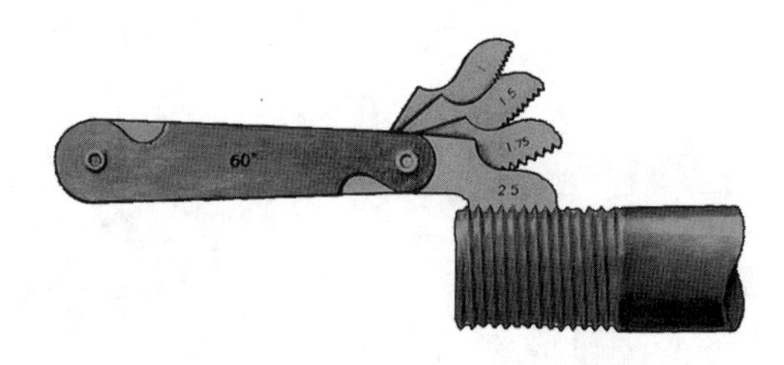

图3.11 螺纹规测量螺纹

(3) 用游标卡尺测大径。内螺纹的大径无法直接测出,可先测小径,然后由附表4查出大径。

(4) 把测得的螺距,内、外径数值与螺纹标准核对,选取与其相近的标准值,确定螺纹代号。

7. 测量齿轮

测量直齿轮主要是确定模数 m 与齿数 Z,然后根据相关的计算公式算出各基本尺寸。

测量齿轮的步骤如下:

(1) 数出被测齿轮的齿数 Z。

(2) 测量出齿顶圆直径 d_a。

当齿轮的齿数是偶数时,d_a 可以直接量出,测量齿轮外径计算齿轮模数如图3.12所示;当齿数为奇数时,d_a 可由 $2e + D$(e 是齿顶到轴孔的距离;D 为齿轮的轴孔直径)算出,齿轮的测量如图3.13所示。

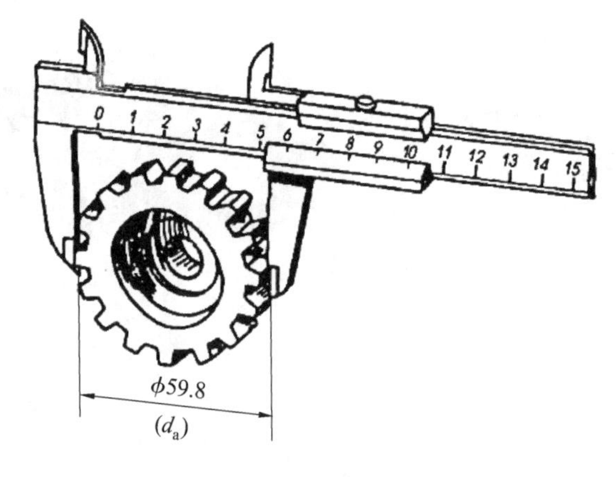

图3.12 测量齿轮外径计算齿轮模数

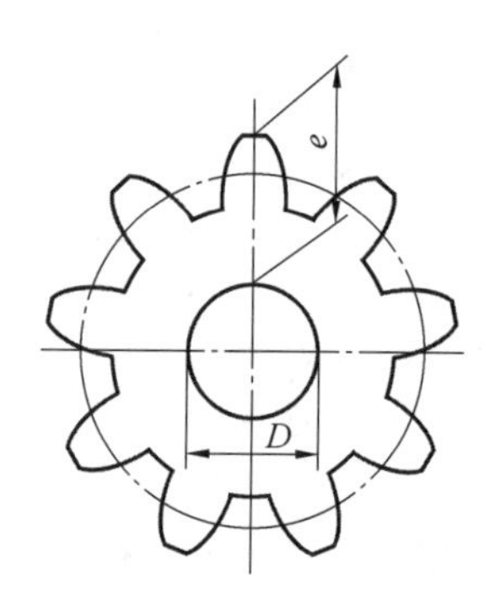

图3.13 齿轮的测量

(3) 根据公式 $m = d_a/(Z+2)$ 计算出模数 m,然后从标准中选取相近的模数值。

(4) 根据标准模数利用公式计算出各基本尺寸,并填写齿轮参数表(表3.1)。

(5) 将计算所得的尺寸与实测的中心距 a 进行核对。

表3.1　齿轮参数表

参数及尺寸	大齿轮	小齿轮
模数 m		
齿数 Z	Z_2	Z_1
分度圆直径 d		
齿顶圆直径 d_a		
齿根圆直径 d_f		
中心距 a		
减速比 i		

3.3　测绘中的尺寸圆整

在测绘过程中,对实测数据进行分析、推断,合理地确定其基本尺寸和尺寸公差的过程称为尺寸圆整。

由于被测零件存在制造误差、测量误差及使用中的磨损而引起的误差,因而测得的实际值偏离了原设计值。也正是这些误差的存在,使得实测值常带有多位小数,这样的数值不仅加工和测量过程中都很难做到,而且大多没有实际意义。对这些数据进行尺寸圆整不仅可以简化计算,使图面清晰,更重要的是可以采用标准刀具、量具和标准化配件,以降低制造成本。因此,进行尺寸圆整有利于提高测绘效率和劳动生产率。

本节介绍设计圆整法,设计圆整法是以实测值为基本依据,参照同类产品或类似产品的配合性质及配合类别,确定基本尺寸和尺寸公差的方法。

3.3.1　优先数系和优先数

尺寸圆整首先应进行数值优化,数值优化是指各种技术参数数值的简化和统一,即将设计制造中所使用的数值简化、统一为国标推荐使用的优先数,数值优化是标准化的基础。当设计者选定一个数值作为某种产品的参数指标时,这个数值就会按照一定的规律,向一切相关的制品传播扩散。如螺栓尺寸一旦确定,与其相配的螺母就确定了,进而传递到加工、检验用的机床和量具,以及垫圈、扳手的尺寸等。由此可见,在设计和生产过程中,技术参数的数值不能随意设定,否则,即使微小的差别,也会造成尺寸规格繁多、杂乱,甚至导致组织现代化生产及协作配套困难。因此,必须建立统一的标准。在生产实践中,人们总结出来了一种符合科学的统一数值标准——优先数和优先数系。

1. 优先数系

《优先数和优先数系》(GB/T 321—2005)规定的优先数系分别用符号 R5、R10、R20 和 R40 等表示,称为 R5 系列、R10 系列、R20 系列和 R40 系列等。

2. 优先数

优先数系的各系列中任一项值称为优先数。优先数也称为常用值,是取3位有效数字进行圆整后规定的数值。表3.2中列出了1~10范围内基本系列的常用值。将这些数值乘以10的正整数幂或者负整数幂,即可向大于1或者小于1的两边无限延伸,得到大于10或者小于1的优先数。

表3.2 优先数系的基本系列(GB/T 321—2005)

R5	R10	R20	R40	R5	R10	R20	R40	R5	R10	R20	R40
1.00	1.00	1.00	1.00			2.24	2.24		5.00	5.00	5.00
			1.06				2.36				5.30
		1.12	1.12	2.50	2.50	2.50	2.50			5.60	5.60
			1.18				2.65				6.00
	1.25	1.25	1.25			2.80	2.80	6.30	6.30	6.30	6.30
			1.32				3.00				6.70
		1.40	1.40		3.15	3.15	3.15			7.10	7.10
			1.50				3.35				7.50
1.60	1.60	1.60	1.60			3.55	3.55		8.00	8.00	8.00
			1.70				3.75				8.50
		1.80	1.80	4.00	4.00	4.00	4.00			9.00	9.00
			1.90				4.25				9.50
	2.00	2.00	2.00			4.50	4.50	10.0	10.0	10.0	10.0
			2.12				4.75				

3.3.2 常规设计的尺寸圆整

常规设计是指以方便设计、制造和良好的经济性为主的标准化设计。在对常规设计的零件进行尺寸圆整时,一般应将全部实测尺寸按R10、R20和R40系列圆整成整数,公差、极限偏差和配合符合国家标准《产品几何技术规范(GPS)线性尺寸公差ISO代号体系第1部分:公差、偏差和配合的基础》(GB/T 1800.1—2020)。

[**例3.1**] 实测一对配合孔和轴,孔的尺寸为ϕ25.012 mm,轴的尺寸为ϕ24.978 mm,测绘后圆整并确定尺寸公差。

(1)查表3.2确定基本尺寸。

根据孔、轴的实测尺寸,查表3.2,基本尺寸25 mm靠近实测值。

(2)确定基准制和配合类型。

根据配合的具体结构和基准制优先选用原则,应为基孔制间隙配合,即基准孔为H。

(3)确定基本偏差代号。

从相关资料中获知此配合属单件小批生产,而单件小批生产孔、轴尺寸靠近最大实体尺寸(即孔的最小极限尺寸、轴的最大极限尺寸)。所以轴的尺寸ϕ(25-0.022)mm靠近轴的基本偏差。查轴的基本偏差表,ϕ25 mm所在的尺寸段与-0.022 mm靠近的只有f的基本偏差为-0.020 mm,即轴的基本偏差代号为f。

(4)确定孔轴公差等级及配合的尺寸公差代号。

查附表3得其公差等级为IT7级时ϕ25 mm轴的公差值为0.021 mm。又根据工艺等价的性质,推出孔的公差等级比轴低1级,为IT8级。

综上所述，该孔、轴配合的尺寸为 $\phi 25\ \frac{H8}{f7}$。

3.3.3 非常规设计尺寸的圆整

基本尺寸和尺寸公差不一定都是标准化的尺寸，称为非常规设计的尺寸。非常规设计尺寸圆整的一般原则为：功能尺寸、配合尺寸、定位尺寸允许保留一位小数，个别重要的和关键性的尺寸可保留两位小数，其他尺寸圆整为整数。将实测尺寸圆整为整数或须保留的小数位时，尾数删除应采用四舍六进五单双法，即逢四以下舍去，逢六以上进位，遇五则以保证偶数的原则决定进舍。

删除尾数时，只考虑删除位的数值，不得逐位除。如35.456保留整数时，除位为第一位小数4，根据四舍六进五单双法，圆整后应为35，不应逐位圆整成35.456、35.46、35.5或36。所有尺寸圆整时，都应尽量使圆整后的尺寸符合国家标准推荐的尺寸系列值。

1. 轴向功能尺寸的圆整

在大批量生产条件下，零件的实际尺寸大部分位于零件公差带的中部，所以在圆整尺寸时，可将实测尺寸视为公差中值。同时，尽量将基本尺寸按优先数系圆整为整数，并保证公差在IT9级之内。公差值采用单向或双向公差，当该尺寸在尺寸链中属于孔类尺寸时取单向正公差，轴类尺寸时取单向负公差，长度类尺寸时采用双向公差。

[**例3.2**] 某传动轴的轴向尺寸参与装配尺寸链计算，实测值为84.99 mm，将其圆整。

(1)查表3.2确定基本尺寸，基本尺寸为85 mm。

(2)查表确定基本尺寸IT9级的公差值。查附表3，基本尺寸在80～120 mm时，公差等级为IT9级的公差值为0.087 mm。

(3)保证公差在IT9级之内，取公差值为0.080 mm。

(4)将实测值当成公差中值，得圆整方案为(85±0.04)mm。

(5)校核。公差值为0.080 mm，在IT9级公差值以内且接近公差值，并采用双向公差，实测值84.99 mm接近(85±0.04)mm的中值，故该圆整方案合理。

2. 非功能尺寸的圆整

非功能尺寸即一般公差的尺寸(未注公差的线性尺寸)，它包含功能尺寸外的所有非配合尺寸。圆整这类尺寸时，主要是合理确定基本尺寸，保证尺寸的实测值在圆整后的尺寸公差范围之内；并且圆整后的基本尺寸符合国家标准规定的优先数、优先数系和标准尺寸，除个别外，一般不保留小数。例如，8.03圆整为8，30.08圆整为30。对于有其他标准规定的零件如球体、滚动轴承、螺纹等以及其他小尺寸，在圆整时应参照相关标准。至于这类尺寸的公差，即未注公差尺寸的极限偏差一般规定为IT12～IT18级。

3. 测绘中的尺寸协调

尺寸协调是指相互结合、连接、配合的零件或部件间尺寸的合理调整。一台机器或设备通常由许多零件和部件组成，因此，在测绘时不但要考虑部件中零件与零件的关系，还要考虑部件与部件、部件与零件的关系。所以在标注尺寸时，装配在一起的或装配尺寸链中的相关零件的尺寸必须一起测量，测出结果加以比较，最后一并确定基本尺寸和尺寸偏差。

第4章 典型零件的测绘

虽然零件的结构形状千差万别,但零件之间也有许多共同之处。根据零件的功能和主要结构,可以将零件主要分为轴套类零件、盘盖类零件、叉架类零件和箱体类零件四大类。本章重点介绍这四类典型零件的功用与结构特点、视图表达、尺寸标注、技术要求、材料及热处理的选择和测绘要点等内容。

4.1 轴套类零件的测绘

1. 轴套类零件的功用与结构特点

轴套类零件包括轴、衬套、套筒和丝杠等,主要用来支承传动件、传递动力和起轴向定位作用。轴类零件的主体结构是由若干段直径不等的同轴回转体组成,轴向尺寸大于径向尺寸。轴一般是实心的结构,轴上常有键槽、螺纹和销孔等局部结构;此外还有一些工艺结构,如倒角、退刀槽、越程槽和中心孔等。套类零件通常是空心圆柱状,带有倒角等结构。

2. 视图表达

轴套类零件主要在车床和磨床上加工,装夹时轴水平放置,因此主视图按加工位置原则,轴线水平放置,垂直轴线的方向作为主视图的投射方向,不仅表达了轴的结构特点,并且符合车削、磨削加工位置,便于加工看图。键槽、退刀槽、螺纹和倒角等结构,可采用移出断面图、局部剖视图和局部放大图等方法来表达。曲轴零件图如图4.1所示。

3. 尺寸标注

轴套类零件的尺寸分为径向尺寸和轴向尺寸。径向尺寸表达轴上各段回转体的直径,选择水平放置的轴线作为径向尺寸基准。功能尺寸由基准直接标注,其余尺寸一般按加工顺序标注。轴套类零件上的倒角、退刀槽、越程槽、键槽和销孔等标准结构,测量后应对照相应的国家标准,见附表12~14。

4. 技术要求

(1)尺寸公差的选择。

主要配合轴的直径尺寸公差一般为IT6~IT9级,精密轴段可选IT5级。相对运动的或经常拆卸的配合尺寸其公差等级要高一些,相对静止的配合尺寸其公差等级相应低一些。套类零件的外圆表面通常是支承表面,常用过盈配合或过渡配合与机架上的孔配合,外径公差一般选IT6~IT7级。套类零件的孔的尺寸公差一般选IT7~IT9级,精密轴套孔尺寸公差一般为IT6级。

(2)表面结构要求的选择。

轴类零件的支承轴颈表面结构要求较高,一般选 *Ra*0.8~3.2 μm,其他配合轴颈一般选 *Ra*3.2~6.3 μm,非配合表面的表面结构要求选 *Ra*12.5 μm。

套类零件有配合要求的外表面结构要求一般选 *Ra*0.8~1.6 μm,孔的表面结构要求一

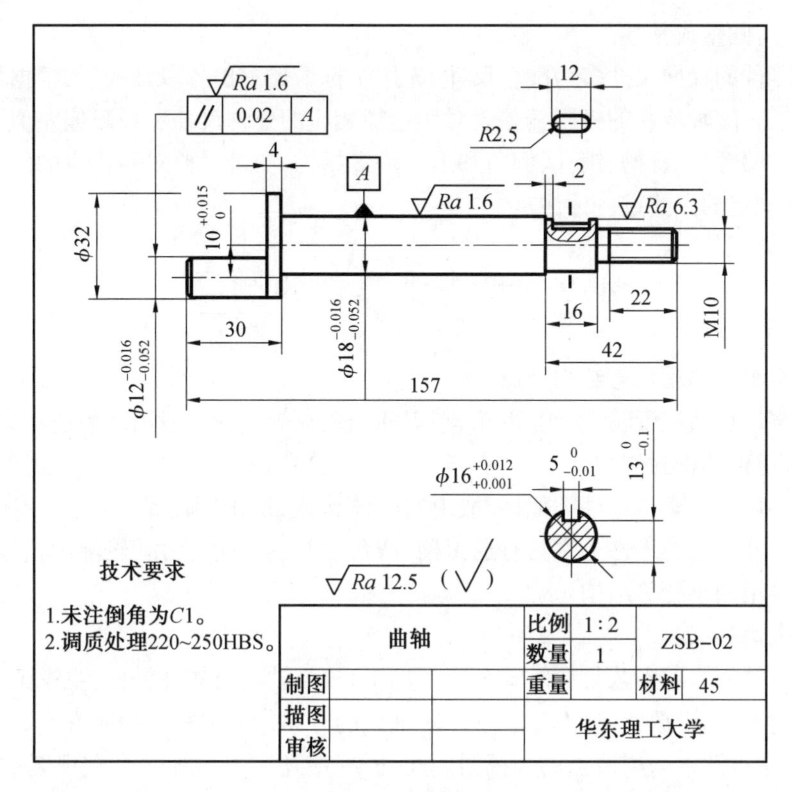

图 4.1　曲轴零件图

般选 $Ra0.8 \sim 3.2\ \mu m$,要求较高的精密套的表面结构要求可达 $Ra0.1\ \mu m$。

(3)几何公差的选择。

轴类零件通常是用轴承支承在两段轴颈上,这两段轴颈是装配基准。所以通常对两段支承轴颈有圆度、圆柱度等要求。对两段支承轴颈的同轴度要求是基本要求,另外还常有其他配合轴颈对支承轴颈的同轴度要求,以及轴向定位端面与轴线的垂直度要求。为了便于测量,也应用圆跳动表示。

套类零件有配合要求的外表面的圆度公差应控制在外径尺寸公差范围内,精密轴套孔的圆度公差一般为尺寸公差的1/3~1/2,对较长的套类零件,除了圆度公差外,还应标注出圆孔轴线的直线度公差。套类零件内、外圆的同轴度要根据加工方法的不同选择精度。若孔是在轴套装入机座后进行加工的,则轴套的内、外圆的同轴度要求较低;若孔的加工是在装配前完成的,则轴套的内、外圆同轴度要求一般为0.01~0.05 mm。

5. 材料及热处理的选择

轴类零件材料的选择不仅与工作条件和使用要求有关,而且与所选择的热处理方法有关。轴类零件的材料常采用合金钢制造,如35号、45号合金钢,常采用调质、正火和淬火等热处理工艺,以获得一定的强度、切性和耐磨性。不太重要的轴可采用Q235等碳素结构钢。制造套类零件的材料一般为钢、铸铁、青铜或者黄铜等,常采用退火、正火、调质和表面淬火等热处理工艺。

6. 测绘要点

轴套类零件的轴向尺寸一般为非功能尺寸,可用钢直尺、游标卡尺直接测量各段的长度和总长度,然后圆整成整数。

轴套类零件的径向尺寸多为配合尺寸,先用游标卡尺测出各段轴径后,根据配合类型和表面结构要求查阅轴或孔的极限偏差表对照选择相应的公称尺寸和极限偏差值。

轴套类上的螺纹、键槽、销孔、倒角和退刀槽等结构,测量后要对照相应的国家标准再最终确定,并按规定的方式进行标注。

4.2 盘盖类零件的测绘

1. 盘盖类零件的功用与结构特点

盘盖类零件包括皮带轮、手轮、齿轮、端盖和法兰盘等。轮一般用来传递动力和扭矩,盘主要起支承、定位和密封作用。

盘盖类零件与轴套类零件类似,一般由回转体构成,所不同的是:盘盖类零件的径向尺寸大于轴向尺寸。这类零件上常具有退刀槽、凸台、凹坑、键槽、倒角、轮辐和轮齿、肋板和作为定位或连接用的小孔等结构。

2. 视图表达

盘盖类零件的表面多数是在卧式车床上加工,故与轴套类零件一样,主视图按加工位置配置,零件按轴线水平放置,选择垂直于回转轴线的方向作为主视图投射方向。为了表达内部结构形状,主视图常采用适当的剖视图。此外,一般还需要增加一个左视图或右视图,用来表达连接孔、轮辐和肋板等的数目和周向分布情况。对尚未表达清楚的局部结构,常采用局部视图、局部剖视图、断面图和局部放大图等补充表达。端盖零件图如图 4.2 所示。

3. 尺寸标注

盘盖类零件常以主要回转轴的轴线作为径向基准,以切削加工的大端面或安装的定位端面作为轴向基准。在投影为圆的视图上标注分布在盘盖上的各孔、轮辐等尺寸。对于某些细小结构的尺寸,多集中标注在相应的断面图上。

4. 技术要求

(1)尺寸公差的选择。

盘盖类零件有配合要求的孔与轴的公差等级一般选 IT6 ~ IT9 级。

(2)表面结构要求的选择。

盘盖类零件有相对运动的配合表面,表面结构要求一般选 *Ra*0.8 ~ 1.6 μm,相对静止的配合表面一般选 *Ra*3.2 ~ 6.3 μm,非配合表面的表面结构要求一般选 *Ra*6.3 ~ 12.5 μm。许多盘盖类零件的非配合表面是铸造面,则不需要标注参数值。

(3)几何公差的选择。

盘盖类零件与其他零件接触的表面应有平面度、平行度和垂直度要求。外圆柱面与内孔表面应有同轴度要求。

5. 材料及热处理的选择

盘盖类零件的坯料多为铸、锻件,不重要零件的铸造材料多为 HT150 或 HT200,一般不需要进行热处理,但重要的、受力较大的锻造件常采用正火、调质、渗碳和表面淬火等热处理工艺。

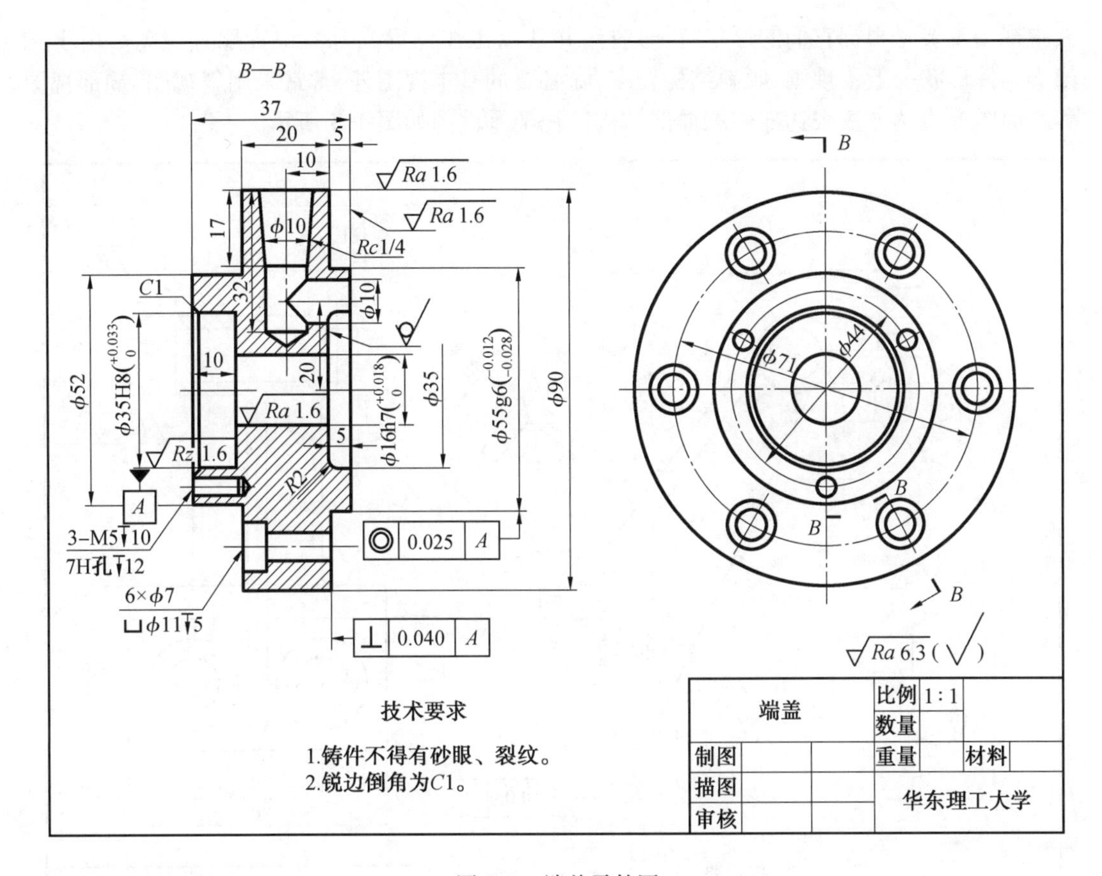

图 4.2　端盖零件图

6. 测绘要点

盘盖类零件有要求配合的孔或轴向的尺寸可用游标卡尺测量，再查表选择符合国家标准的公称尺寸和极限偏差数值。

一般性的尺寸，如盘盖类零件的厚度、铸造结构的尺寸，可直接度量并圆整。

螺纹、键槽、销孔、倒角、倒圆、退刀槽和越程槽等结构的尺寸，度量后要对照相应的国家标准后再确定，并按规定的方式进行标注。

4.3　叉架类零件的测绘

1. 叉架类零件的功用与结构特点

叉架类零件包括支架、支座、连杆、摇杆和拨叉等，拨叉主要起操纵调速的作用，支架主要起支承和连接的作用。

叉架类零件的形状比较复杂且不规则，甚至难以平稳放置，需经多道工序加工而成，这类零件一般由三部分组成：连接部分、安装部分和支承部分。连接部分常有肋板结构，安装部分和支承部分的细部结构较多，如圆角、螺孔、油孔、凸台和凹坑等。

2. 视图表达

叉架类零件多由铸造或锻压成型，获得毛坯后再进行切削加工，且加工位置变化较大，故主视图主要是根据它们的形状特征选择，并常以工作位置或习惯位置配置视图。由于叉架类零件形状一般不规则，倾斜结构较多，除必要的基本视图外，常常采用斜视图、局部视图和断面图等表达方法表达零件的局部结构。托架零件图如图 4.3 所示。

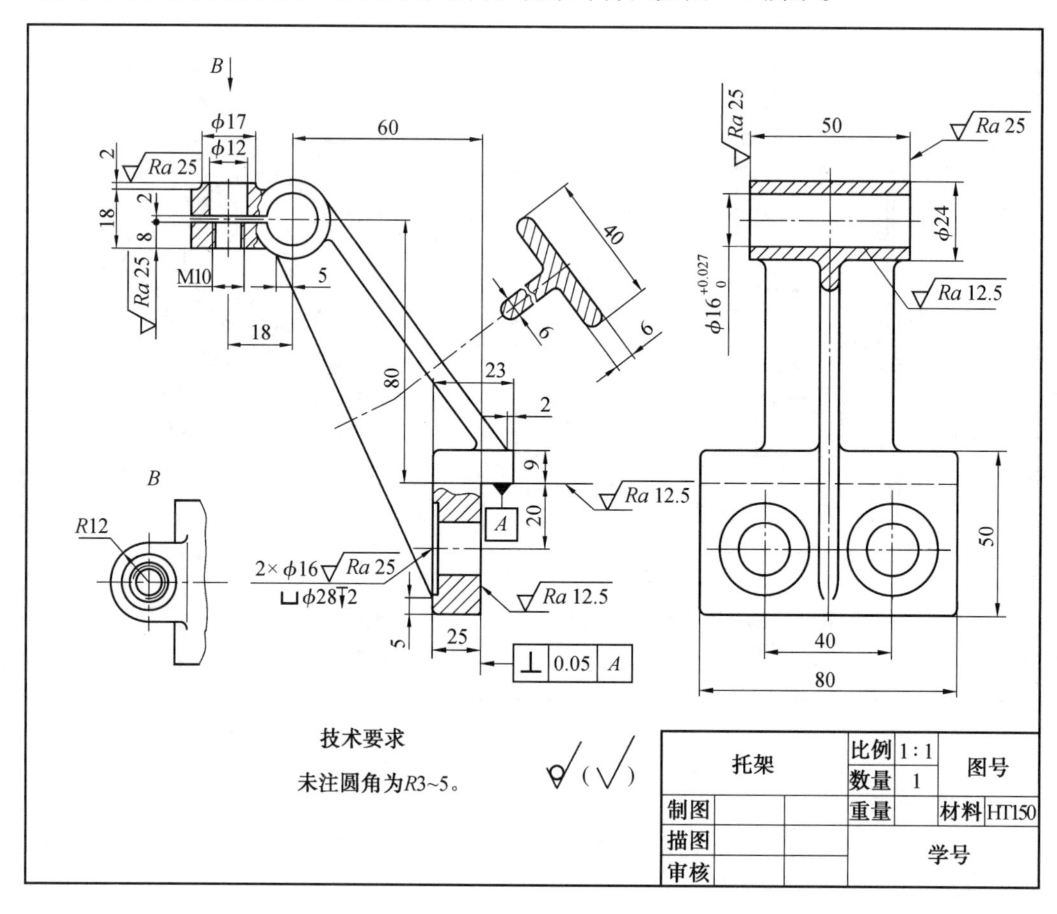

图 4.3 托架零件图

3. 尺寸标注

叉架类零件的尺寸基准一般为孔的轴线、对称平面或者较大的加工平面。这类零件的定位尺寸较多，要注意保证定位的精度。一般要注出孔中心线间的距离、孔中心线到平面间的距离或平面到平面间的距离。倒角、倒圆、退刀槽、越程槽和螺纹等结构按照规定方式标注。

4. 技术要求

(1)尺寸公差的选择。

叉架类零件支承部分有配合要求的孔要标注尺寸公差，公差等级一般选 IT7 ~ IT9 级。配合孔的中心定位尺寸常标注有尺寸公差。

(2)表面结构要求的选择。

叉架类零件支承孔的表面结构要求一般选 *Ra*3.2 ~ 6.3 μm，安装地板的接触面的表面结构要求一般选 *Ra*3.2 ~ 6.3 μm，非配合表面的表面结构要求一般选 *Ra*6.3 ~ 12.5 μm，其余表面都是铸造面，不做要求。

(3)几何公差的选择。

叉架类零件的安装板一般与其他零件接触,故应该有几何公差要求,重要的孔内表面也应该标注几何公差,实测中可参照同类零件进行标注。

5. 材料及热处理的选择

叉架类零件的坯料多为铸、锻件,零件材料多为 HT150 或 HT200,一般不需要进行热处理,但重要的做周期运动且受力较大的锻造件常采用正火、调质、渗碳和表面淬火等热处理工艺。

6. 测绘要点

叉架类零件中有配合的结构用游标卡尺测量,测出后加以圆整,选择符合国家标准的公称尺寸和极限偏差数值。

一般性的尺寸可直接度量并圆整。

螺纹、键槽、销孔、倒角、倒圆、退刀槽和越程槽等结构的尺寸,测量后要对照相应的标准后再确定,并按规定的方式进行标注。

4.4 箱体类零件的测绘

1. 箱体类零件的功用与结构特点

箱体类零件包括箱体、外壳和座体等,起支承、包容和密封其他零件的作用。箱体类零件是机器或部件上的主体零件,箱体内需装配各种零件,因而内腔和外形结构都比较复杂,箱壁上常带有轴承孔、凸台和肋板等结构。安装部分还常有安装底板、螺栓孔和螺孔。为符合铸造工艺,安装底板、箱壁和凸台外轮廓上常有拔模斜度、铸造圆角和壁厚等铸造工艺结构。涡轮减速箱箱体结构图如图 4.4 所示。

图 4.4 涡轮减速箱箱体结构图

2. 视图选择

箱体类零件的主视图主要是根据形状特征原则和工作位置原则来确定,一般都能与主要工序的加工位置相一致。当箱体工作位置倾斜时，按稳定的位置来布置视图。一般都需要用三个以上的基本视图。常采用各种剖视图表达其内部结构形状，同时还应注意发挥右、后、仰等视图的作用。对于个别部位的细致结构，仍采用局部视图、局部剖视图和局部放大图等补充表达，尽量做到在表达完整、清晰的情况下视图数量较少。涡轮减速箱箱体零件图如图4.5所示。

3. 尺寸标注

箱体类零件的主要基准一般为安装表面、主要支承孔的轴线、对称面和主要端面。箱体类零件的定形尺寸直接标出，如长、宽、高、壁厚、孔径及深度、沟槽深度和螺纹尺寸等。定位尺寸一般从基准直接标出。对影响机器或部件工作性能的尺寸应直接标出，如轴、孔中心距、箱体的工艺结构尺寸。

4. 技术要求

(1)尺寸公差的选择。

箱体上有配合要求的主要轴承孔要标注较高等级的尺寸公差，公差等级一般为IT6～IT7级。在实测中，尺寸公差也可采用类比法参照同类型零件的尺寸公差选用。

(2)表面结构要求的选择。

箱体类零件加工面较多，一般情况下，箱体类零件主要支承孔的表面结构要求较高，选 $Ra0.8\sim1.6\ \mu m$，一般配合面的表面结构要求选 $Ra1.6\sim3.2\ \mu m$，非配合面的表面结构要求选 $Ra6.3\sim12.5\ \mu m$，其余表面都是铸造面，不做要求。

(3)几何公差的选择。

箱体类零件的结构形状比较复杂，要标注几何公差来控制零件形体的误差，重要的箱体孔和表面都应有几何公差要求，实测中可参照同类零件的几何公差。

5. 材料及热处理的选择

箱体类零件一般先铸造成毛坯，然后进行切削加工。根据使用要求，箱体材料可选用HT100～HT300之间各种牌号的灰口铸铁，常用牌号有HT150、HT200。某些负荷较大的箱体，可采用铸钢件铸造而成。为了避免箱体加工变形，提高尺寸的稳定性，改善切削性能，箱体类零件毛坯要进行时效处理。

6. 测绘要点

箱体类零件的测量方法要根据各部位的形状和精度要求来选择，对于一般要求的线性尺寸，如箱体的长、宽、高等外形尺寸可用钢直尺直接测量，对于箱体上光孔和螺纹孔的深度可用游标卡尺上的深度尺测量。对于有配合要求的尺寸，用游标卡尺测量，以保证尺寸准确、可靠。

箱体类零件上的凸缘可采用拓印法测量，不平整无法拓印的，也可采用铅丝法。

螺纹、键槽、销孔、倒角、倒圆、退刀槽和越程槽等结构的尺寸，测量后要对照相应的国家标准后再确定，并按规定的方式进行标注。

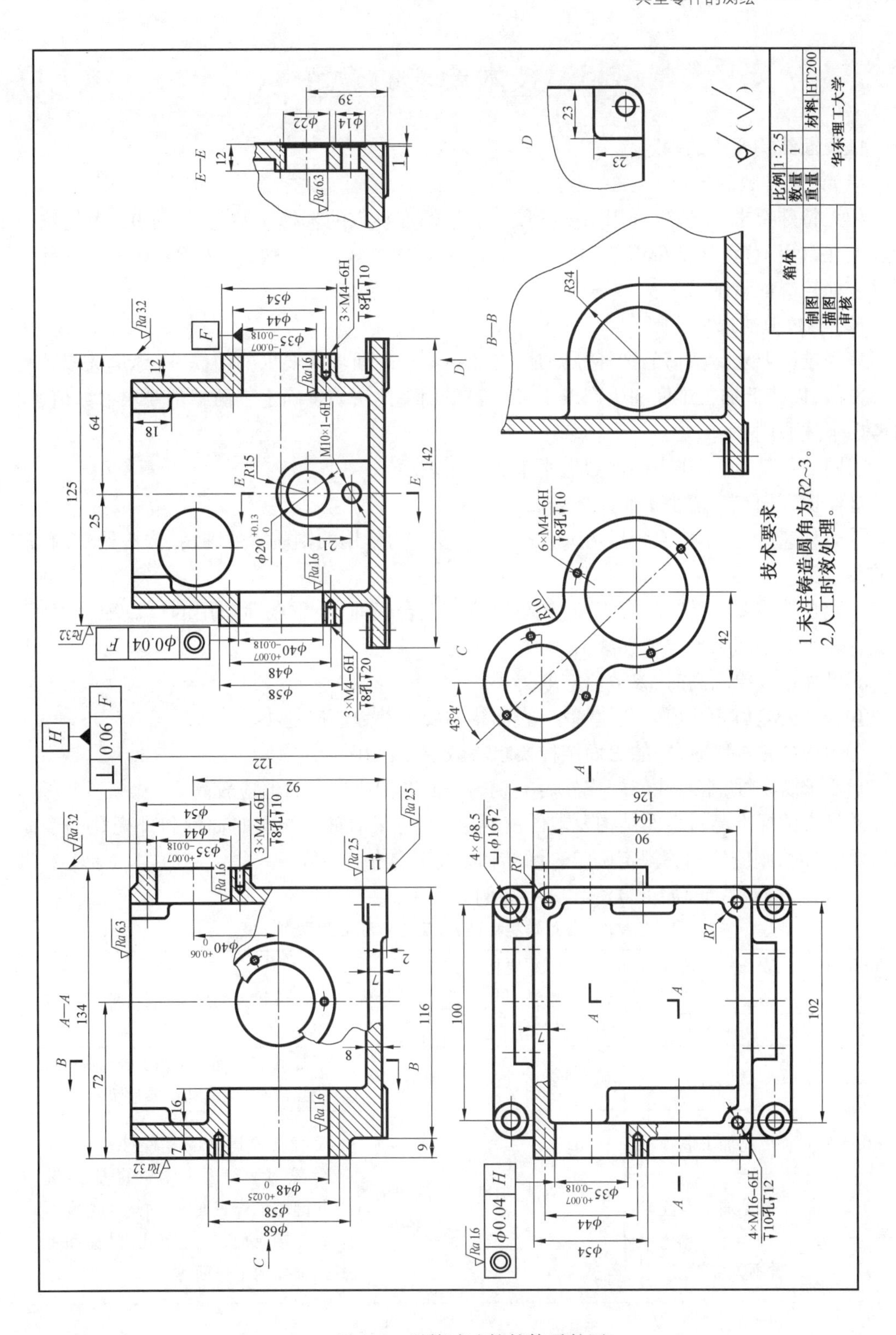

图4.5　涡轮减速箱箱体零件图

4.5 技术要求的确定

1. 表面结构要求的确定

(1)评定参数的选择。

如无特殊要求,一般仅选用幅度参数。对于幅度参数的选择一般可从 *Ra*、*Rz* 中任选一个。但在常用值范围内(*Ra*0.025 ~6.3 μm),推荐优先选用 *Ra* 值,因为 *Ra* 值能充分反映零件表面轮廓的特征。

(2)参数值的选择原则。

表面结构要求参数值的选择原则是:在满足零件表面功能要求的前提下,尽量选取较大的参数值,以降低加工难度和生产成本。一般采用类比法初步确定表面结构要求参数值,同时考虑下述原则:

①同一零件上,工作表面参数值小于非工作表面。

②摩擦表面参数值小于非摩擦表面。

③运动速度高、单位面积压力大,以及受交变应力作用的钢质零件圆角、沟槽处,应有较小的参数值。

④配合性质要求高的配合表面,如小间隙的配合表面、受重载荷作用的过盈配合表面,都应有较小的表面结构要求参数值。

⑤尺寸精度要求高时,参数值应取得小。

⑥尺寸公差值和几何公差值越小,表面结构要求参数值应越小。

⑦同一公差等级时,轴的表面结构要求参数值应比孔的小。

⑧要求防腐蚀、密封性能好或外表美观的表面结构要求参数值应较高。

⑨凡有关标准已对表面结构要求做出规定(如与滚动轴承配合的轴颈和外壳孔的表面结构要求)时,则应按相关规定确定表面结构要求参数值。

(3)表面微观特征、加工方法和应用举例见表 4.1。

表 4.1 表面微观特征、加工方法和应用举例

Ra/μm	表面外观情况	主要加工方法	应用举例
50	明显可见刀痕	粗车、粗铣、粗刨、钻、粗纹性锉刀和粗砂轮加工	参数值较大的加工面,一般很少应用
25	可见刀痕		
12.5	微见刀痕	粗车、刨、立铣、平铣和钻	不接触的表面、不重要的接触面,如螺钉孔、倒角和机座底面等
6.3	可见加工痕迹	精车、精铣、精刨、铰、镗和精磨等	没有相对运动的零件接触面,如箱、盖和套筒要求紧贴的表面,键和键槽工作表面;相对运动速度不高的接触面,如支架孔、衬套和带轮轴孔的工作面等
3.2	微见加工痕迹		
1.6	看不见加工痕迹		

续表4.1

$Ra/\mu m$	表面外观情况	主要加工方法	应用举例
0.8	可辨加工痕迹方向	精车、精铰、精拉、精镗和精磨等	要求很好密合的接触面,如滚动轴承配合的表面、锥销孔等;相对运动速度较高的接触面,如滑动轴承的配合表面、齿轮轮齿的工作表面等
0.4	微辨加工痕迹方向		
0.2	不可辨加工痕迹方向		
0.10	暗光泽面	研磨、抛光和超级精细研磨等	精密量具的表面、极重要零件的摩擦面,如气缸的内表面、精密机床的主轴颈和坐标镗床的主轴颈等
0.05	亮光泽面		
0.025	镜状光泽面		
0.012	雾状镜面		

2.公差等级的选择

为了确保测绘质量,所选零件尺寸的公差等级首先要满足生产实际要求,并在满足使用要求的前提下,尽可能选用最低的公差等级,使公差值最大,从而简化加工方法,降低成本。

实际测绘中,一般采用类比法来确定零件尺寸的公差等级,即根据实际经验参照以往检验过的同类零件比较决定。同时,还要注意从满足使用要求和了解加工方法两方面加以考虑。

使用类比法选择公差等级时,应注意以下几个问题:

(1)联系工艺。

在常用尺寸段内,对于较高精度等级的配合,为了使相互配合的孔轴工艺等价,当公差等级高于IT8级时,常采用孔比轴低一级(如H7/n6、P6/h5)的措施;当公差等级等于IT8级时,采用孔与轴同级或孔比轴低一级(如H8/f8、F8/h7)的措施;当公差等级低于IT8级时,采用孔、轴为同级(如H9/e9、F9/h9)的措施。当公称尺寸大于500 mm时,推荐采用孔与轴同级配合。

(2)联系配合。

对过渡配合或过盈配合一般不允许其间隙或过盈的变动量太大,因此,公差等级不能太低,孔可选标准公差等级高于或等于IT8级;轴可选公差等级高于或等于IT7级。间隙配合不受此限制,但间隙小的配合公差等级应较高,间隙大的配合公差等级可以低些。例如,选用H6/g5和H11/a11是可以的。

(3)联系零部件的相关精度要求。

在齿轮的基准孔与轴的配合中,该孔与轴的公差等级由相关齿轮精度等级确定;和滚动轴承相配合的外壳孔、轴颈的公差等级与相配合的滚动轴承公差等级有关。

(4)联系加工成本。

考虑到在满足使用要求的前提下降低加工成本,不重要的相配合件的公差等级可以低二到三级。

通常IT01~IT4级用于块规和量规;IT5~IT12级用于配合尺寸;IT12~IT18级用于非配合尺寸。IT5~IT12级的配合类别选择见表4.2。

表 4.2 配合类别选择

公差等级	应用对象	举例
IT5	用于发动机、仪器仪表和机床中特别重要的配合	发动机中活塞与活塞销外径的配合;精密仪器中轴和轴承的配合;精密高速机械的轴颈和机床主轴与高精度滚动轴承的配合
IT6,IT7	广泛用于机械制造中的重要配合	机床、直齿圆柱齿轮减速器中的齿轮和轴;皮带轮、凸轮和轴;与滚动轴承相配合的轴及座孔。通常轴颈选用 IT6 级,与之相配的孔选用 IT7 级
IT8, IT9	用于农业机械、矿山、冶金机械和运输机械的重要配合;精密机械中的次要配合	机床中的操纵件和轴;轴套外径与孔;拖拉机中的齿轮与轴
IT10	重型机械、农业机械的次要配合	轴承端盖和座孔的配合
IT11	用于要求粗糙、间隙较大的配合	农业机械、机车车厢部件受冲压加工的配合零件
IT12	用于要求很粗糙、间隙很大、基本上无配合要求的部位	机床制造中扳手孔和扳手座的连接

3. 基准制的选择

在机械测绘中,可以根据零件在机械中的相互关系选择采用基孔制还是基轴制。

在机械制造中,一般采用基孔制,这是我国国家标准明确提出的。因为采用基孔制,可以减少加工的定值刀具和量具的规格数量,有利于组织生产、管理和降低成本。

基轴制配合通常仅用于结构设计不适宜采用基孔制配合的情况,或者采用基轴制配合具有明显经济效果的场合。

在采用标准部件时,则应按标准件所用的基准制来确定。例如,滚动轴承的外圈直径与轴承座孔处的配合应采用基轴制,而滚动轴承的内圈直径与轴的配合应采用基孔制。

4. 配合的选择

设计时,通常多采用类比法选择配合种类。为此首先必须掌握各种配合的特征和应用场合,并了解它们的应用实例,然后再根据具体情况加以选择。

配合种类的选择(以基孔制为例)如下:

(1)间隙配合。

①间隙大小变化。用基本偏差 a ~ h,字母越往后,间隙越小。

②应用范围。孔、轴之间有相对运动,或没有相对运动、常拆卸的场合,应采用间隙配合。间隙量小时主要用于精确定心又便于拆卸的静连接,或结合件间只有缓慢移动或转动的动连接,如结合件要传递力矩,则需加键、销等紧固件。间隙量较大时主要用于结合件间有转动、移动或复合运动的动连接,工作温度高,对中性要求低、相对运动速度高等情况,应使间隙增大。

(2)过渡配合。

①间隙大小变化。用基本偏差 j ~ n(n 与高精度的基准孔形成过盈配合),字母越往后,获得过盈的机会越多。过渡配合可能具有间隙,也可能具有过盈,但不论是间隙量还是过盈量都很小。

②应用范围。既需要对中性好,又要便于拆卸时,应采用过渡配合。过渡配合主要用于精确定心,结合件间无相对运动、可拆卸的静连接,如需传递力矩,则加键、销等紧固件。

(3)过盈配合。

①间隙大小变化。用基本偏差 p ~ zc(p 与低精度的基准孔形成过渡配合),字母越往后,过盈量越大,配合越紧。

②应用范围。当不用紧固件就能保证孔轴之间无相对运动,且需要靠过盈传递载荷、不经常拆卸(或永久性连接)的场合,应采用过盈配合。当过盈量较小时,只做精确定心用,如需传递力矩,需加键、销等紧固件;当过盈量较大时,直接用于传递力矩。采用大过盈的配合,容易将零件挤裂,故很少采用。

具体选择配合类别时可参考表4.3、附图1 ~2 和附表1 ~2。

表4.3　配合类别选择

<table>
<tr><td rowspan="4">无相对运动</td><td rowspan="3">要传递转矩</td><td colspan="2">永久结合</td><td>较大过盈的过盈配合</td></tr>
<tr><td rowspan="2">可拆结合</td><td>需要精确同轴</td><td>轻型过盈配合、过渡配合或基本偏差为H(h)的间隙配合加紧固件</td></tr>
<tr><td>不需要精确同轴</td><td>间隙配合加紧固件</td></tr>
<tr><td colspan="3">不需要传递转矩,需要精确同轴</td><td>过渡配合或轻型的过盈配合</td></tr>
<tr><td rowspan="2">有相对运动</td><td colspan="3">只有移动</td><td>基本偏差为H(h)、G(g)等间隙配合</td></tr>
<tr><td colspan="3">转动或转动和移动的复合运动</td><td>基本偏差为A ~ F(a ~ f)等间隙配合</td></tr>
</table>

5. 几何公差的选择

在测绘时,如果有原始资料,则可照搬。如果没有原始资料,由于有实物,可以通过精确测量来确定几何公差。但要注意两点:其一,选取几何公差应根据零件功用而定,不可将测量获得的实测值都注写在图样上;其二,随着国内外科技水平,尤其是工艺水平的提高,不少零件从功能上讲对几何公差并无过高要求,但由于工艺方法的改进,大大提高了产品加工的精确性,要求不甚高的几何公差也提高到很高的精度。因此,在测绘中不要盲目追求实测值,应根据零件要求,结合我国国标确定的数值,合理确定。

第 5 章

测绘准备工作

5.1 了解测绘流程

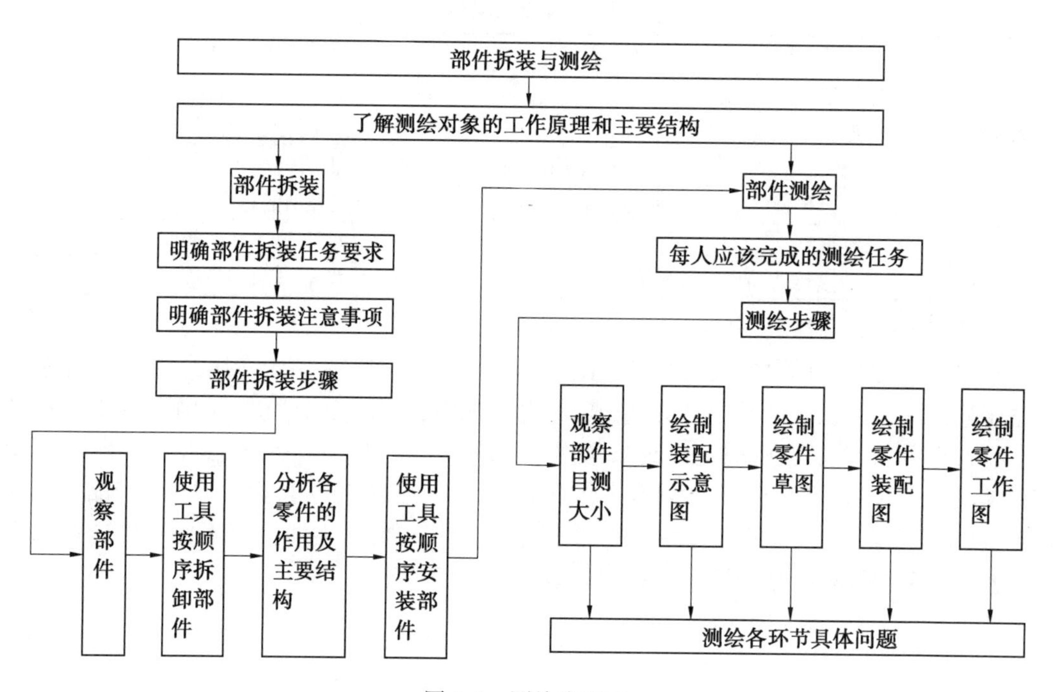

图 5.1　测绘流程图

5.2 测绘前的准备工作

(1)由指导教师布置测绘任务,拆装测绘小组任务分工记录表见表 5.1,明确任务责任。

表 5.1　拆装测绘小组任务分工记录表　　　　班级________

姓名		测绘任务	说明
组长			
组员			
组员			
组员			
组员			

(2)强调测绘过程中的设备、人身安全注意事项:实验前认真阅读实验指导书;切忌盲目拆装,拆卸前要仔细观察零部件的结构及位置,考虑好合理的拆装顺序,拆下的零部件要

妥善安放好，避免丢失和损坏；拆装过程中同学之间要相互配合与关照，做到轻拿轻放，以防划伤手脚。

(3)准备必要的资料，如相关国家标准、部门标准、图册和手册及有关的参考书籍(如收集与测绘对象类似的部件结构、性能指标和技术要求等方面的资料)等。仔细阅读资料，全面分析了解测绘对象的用途、性能、工作原理、结构特点及装配关系等。

(4)领取部件，准备量具和拆卸工具等。

(5)准备绘图用具、图纸，并做好测绘场地的卫生清洁。

5.3 拆装测绘小组任务分工

确定各拆装测绘小组，按表5.1选组长，分配任务，明确职责。

第6章　直齿圆柱齿轮减速器的拆装与测绘

6.1　直齿圆柱齿轮减速器的工作原理和主要结构

直齿圆柱齿轮减速器是一种常用的减速装置,如图6.1所示。

图6.1　直齿圆柱齿轮减速器

直齿圆柱齿轮减速器是通过装在箱体内的一对啮合齿轮的转动,将动力和运动从输入齿轮轴传递至另一输出轴,以达到减速的目的。图6.2所示为直齿圆柱齿轮减速器内部结构图,传动比$i=n_1/n_2=Z_2/Z_1$。

图6.2　直齿圆柱齿轮减速器内部结构图

直齿圆柱齿轮减速器有两条轴系即两条装配线,两轴分别由一对滚动轴承支承在箱体上,采用过渡配合,有较好的同轴度,从而保证齿轮的正确啮合。

箱体采用剖分式,沿两轴线平面分为下箱体和上箱盖,两者采用螺栓连接和销定位,这样便于装拆。加工时将两箱体合在一起用螺栓固定后,再加工箱体上的轴承孔,以确保其位置和形状。

下箱体下部为油池,油池内装有机油,是供齿轮润滑用的。齿轮和轴承采用飞溅润滑方式,油面高度通过油尺观察,一般油面超过大齿轮的一个齿高。为了防止上箱盖、下箱体结合面渗漏油,装配时在箱体结合面上涂有密封胶。

通气塞是为了排放箱体内的热膨胀气体,拆去观察盖板后可观察齿轮磨损情况或加注润滑油。油池底面应有斜度,螺塞用于清洗放油,螺孔应低于油池底面,以便放尽油泥。

箱体前后对称,其上安置两啮合齿轮,轴承分布在齿轮的两侧,箱体的左右两边各有一个的加强筋吊环,用于起吊运输,如图6.1所示。

6.2 直齿圆柱齿轮减速器的拆装

实验室直齿圆柱齿轮减速器拆卸流程图如图6.3所示。

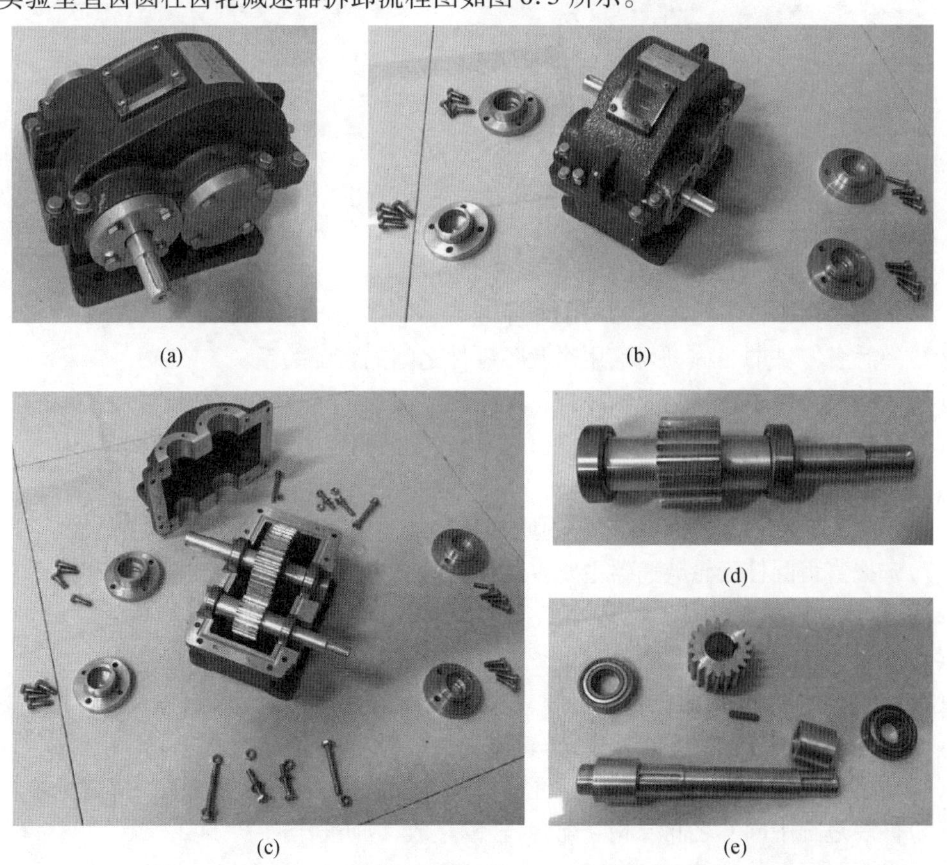

(a) (b) (c) (d) (e)

图6.3 实验室直齿圆柱齿轮减速器拆卸流程图

(f) (g)

(h) (i)

续图 6.3

1. 拆装直齿圆柱齿轮减速器的任务要求

(1)了解直齿圆柱齿轮减速器的工作原理。

(2)熟悉各零件的名称、形状、用途及各零件之间的装配关系。

(3)了解铸造箱体的结构及轴和齿轮的结构。

(4)了解轴上零件的定位和固定,观察齿轮的轴向固定方式及安装顺序。

(5)了解轴承的安装和拆装方法。

(6)了解齿轮和轴承的润滑、密封的原理及其结构和安装位置。

(7)掌握直齿圆柱齿轮减速器主要零部件的拆装方法、调整方法和拆装步骤。

2. 拆卸零件的注意事项

(1)实验前认真阅读实验指导书。

(2)注意拆卸顺序,严防破坏性拆卸,以免损坏机器零件或影响精度。

(3)拆卸后将零件按类妥善保管,防止混乱和丢失。

(4)要将所有零件进行编号登记并注写零件名称,每个零件最好挂一个对应标签。

(5)拆装过程中同学之间要相互配合,轻拿轻放,以防划伤手脚。

(6)对于不可拆的零件,如过渡配合或过盈配合的零件则不要轻易拆下。

3. 拆装思考题

拆装过程中需要清楚下列问题:

(1)减速比是多少?
(2)轴承的类型是什么?
(3)调整套是哪一个零件?
(4)通气孔的作用是什么?
(5)放油孔的结构要求是什么?
(6)直齿圆柱齿轮减速器内齿轮的润滑方式是什么?
(7)销的作用是什么?
(8)上下箱体的哪些结构要同时加工出来?
(9)两根轴的轴向固定的方式是什么?
(10)下箱体底部为什么要开螺孔?
(11)直齿圆柱齿轮减速器的密封方式是什么?
(12)大齿轮和轴的连接方式是什么?
(13)工作状态下轴承在轴上沿轴线方向窜动吗?

4. 拆装步骤

分组:每 5 个人一组,拆装一台直齿圆柱齿轮减速器。
拆装实践过程:
(1)观察直齿圆柱齿轮减速器。
(2)使用工具按顺序拆卸直齿圆柱齿轮减速器部件。
(3)分析各个零件的作用,明确理解拆装思考题。
(4)使用工具按顺序装配直齿圆柱齿轮减速器。

6.3 直齿圆柱齿轮减速器的测绘

6.3.1 小组及个人应完成的测绘任务

由组长记录分配测绘任务,保证所有非标准零件都要有人绘制。每人必须完成所分配的测绘任务:
(1)上箱盖、大闷盖、大透盖、通气塞和观察片的零件草图。(2 人)
(2)下箱体、小闷盖、小透盖和油尺的零件草图。(2 人)
(3)大齿轮轴、小齿轮轴、大齿轮和小齿轮等其他零件的零件草图。(1 人)
(4)用尺规绘制 1 ~2 个零件的零件工作图。(每人 1 ~2 个)
(5)使用计算机软件绘制所测绘零件的零件工作图。
(6)使用计算机软件绘制直齿圆柱齿轮减速器装配图。

6.3.2 测绘直齿圆柱齿轮减速器的方法与步骤

测绘的过程如下：

(1)拆卸→绘制直齿圆柱齿轮减速器的装配示意图。

(2)徒手绘制零件草图(拉好尺寸线)→用工具测量尺寸→标注尺寸→完成零件草图。

(3)绘制直齿圆柱齿轮减速器的装配图。

(4)绘制直齿圆柱齿轮减速器的零件工作图。

1. 绘制直齿圆柱齿轮减速器的装配示意图

装配示意图是机器或部件拆卸过程中所画的记录图样，是绘制装配图和重新进行装配的依据。它是通过目测，徒手用简单的线条示意性地表达出部件的结构、装配关系、工作原理、传动路线、连接方式以及零件的大致轮廓。画装配示意图时，对各零件的表达一般不受前后层次的限制，其顺序可从主要零件着手，按装配顺序依次把其他零件逐个画出。

装配示意图是把装配体设想为透明体而画出的，在这种图上，既要画出外部轮廓，又要画出内部构造，装配示意图一般只画一两个视图，而且两接触面之间要留出间隙，以便区分零件。装配示意图是用规定代号及示意画法绘制的图，示意图中的内、外螺纹均采用示意画法。内、外螺纹配合处，可将内、外螺纹全部画出，也可只按外螺纹画出。各零件只画大致的轮廓，甚至可用单线条表示。一些常用零件及构件的规定代号，可参阅国家标准《机械制图》中的机构运动简图符号。零件中的通孔、凹槽可画成开口的，这样表示通路关系比较清楚。

装配示意图一般按零件顺序排号，而将零件名称写于图纸适当位置。也可按拆卸顺序编号，并在零件编号处注明零件名称及件数，标准件应及时确定其尺寸规格。不同位置的同一种零件只编一个号码。

直齿圆柱齿轮减速器的装配示意图的画图步骤如下：

(1)首先画出减速器的外轮廓，主、俯两个视图一起画，如图6.4所示。

(2)拆下大闷盖、大透盖、小闷盖、小透盖及相关螺栓螺母，拆除上箱盖，看到减速器的内部结构，画上大小齿轮、大小齿轮轴、轴承和轴套等内部零件，如图6.5所示。

(3)给每个零件编号，填写零件明细表，完成装配示意图，如图6.6所示。

2. 绘制零件草图

除标准件外，装配体中的每一个零件都应根据零件的内、外结构特点，选择合适的表达方案画出零件草图。

测绘工作一般在机器所在现场进行，经常采用目测的方法徒手绘制零件草图，它是实测零件的第一手资料，也是整理装配图与零件工作图的主要依据。

零件草图虽是徒手绘制，但草图不草，它应具有与零件图相同的内容。画草图的步骤与画零件图相同，不同之处在于目测零件各部分的比例关系，不用绘图仪器，徒手画出各视图。为了便于徒手绘图和提高工作效率，草图也可画在方格纸上。

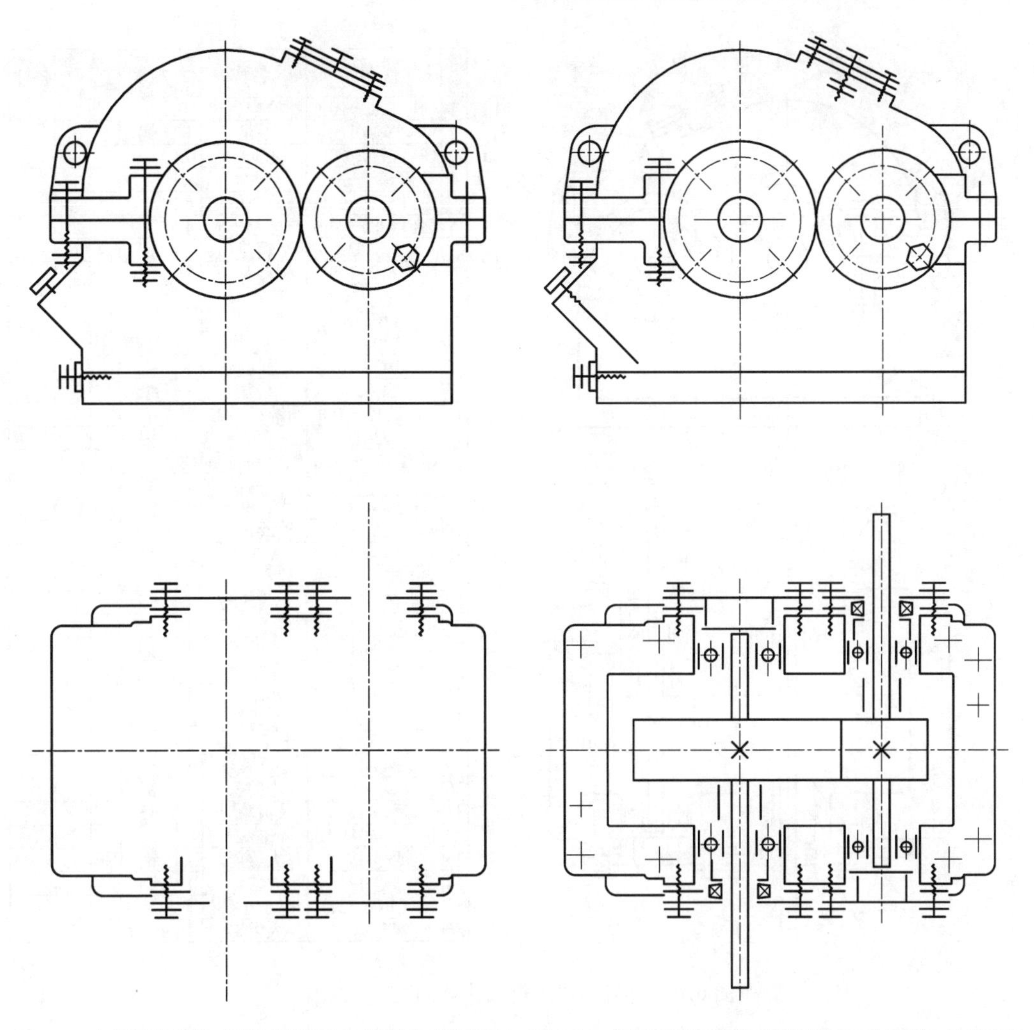

图6.4 直齿圆柱齿轮减速器的装配示意图的画图步骤1 图6.5 直齿圆柱齿轮减速器的装配示意图的画图步骤2

零件草图绘制的基本步骤如下：

①拟定表达方案，确定主视图和其他视图。

②根据零件大小、视图数量多少及绘图比例，选择图纸幅面，布置各视图的位置，画出中心线、轴线和基准线，并画出右下角标题栏的位置。

③详细画出零件的外部及内部的结构形状。

④画出尺寸线、尺寸界线。

⑤用测量工具逐个测量尺寸，分别填入数据。

⑥标注表面粗糙度、尺寸公差、形位公差及文字说明的技术要求等。

⑦填写标题栏。

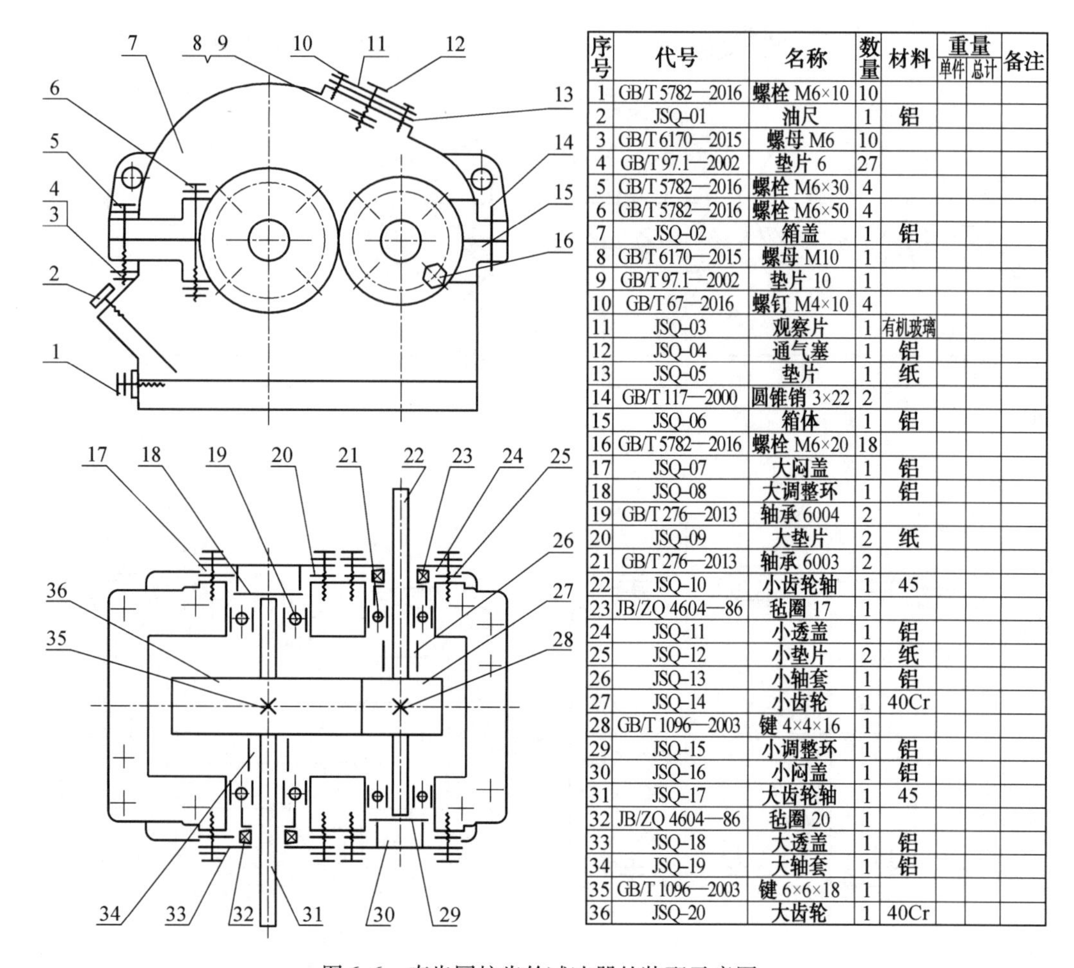

序号	代号	名称	数量	材料	重量		备注
					单件	总计	
1	GB/T 5782—2016	螺栓 M6×10	10				
2	JSQ-01	油尺	1	铝			
3	GB/T 6170—2015	螺母 M6	10				
4	GB/T 97.1—2002	垫片 6	27				
5	GB/T 5782—2016	螺栓 M6×30	4				
6	GB/T 5782—2016	螺栓 M6×50	4				
7	JSQ-02	箱盖	1	铝			
8	GB/T 6170—2015	螺母 M10	1				
9	GB/T 97.1—2002	垫片 10	1				
10	GB/T 67—2016	螺钉 M4×10	4				
11	JSQ-03	观察片	1	有机玻璃			
12	JSQ-04	通气塞	1	铝			
13	JSQ-05	垫片	1	纸			
14	GB/T 117—2000	圆锥销 3×22	2				
15	JSQ-06	箱体	1	铝			
16	GB/T 5782—2016	螺栓 M6×20	18				
17	JSQ-07	大闷盖	1	铝			
18	JSQ-08	大调整环	1	铝			
19	GB/T 276—2013	轴承 6004	2				
20	JSQ-09	大垫片	2	纸			
21	GB/T 276—2013	轴承 6003	2				
22	JSQ-10	小齿轮轴	1	45			
23	JB/ZQ 4604—86	毡圈 17	1				
24	JSQ-11	小透盖	1	铝			
25	JSQ-12	小垫片	2	纸			
26	JSQ-13	小轴套	1	铝			
27	JSQ-14	小齿轮	1	40Cr			
28	GB/T 1096—2003	键 4×4×16	1				
29	JSQ-15	小调整环	1	铝			
30	JSQ-16	小闷盖	1	铝			
31	JSQ-17	大齿轮轴	1	45			
32	JB/ZQ 4604—86	毡圈 20	1				
33	JSQ-18	大透盖	1	铝			
34	JSQ-19	大轴套	1	铝			
35	GB/T 1096—2003	键 6×6×18	1				
36	JSQ-20	大齿轮	1	40Cr			

图 6.6　直齿圆柱齿轮减速器的装配示意图

(1)画零件草图的各视图,拉好尺寸线。

选择表达方案,用一组图形完整、清晰地表达出零件的内、外结构形状。表达方案的选择可参考四大典型零件的表达方案,分析所画零件为哪一类,然后根据其特点,正确选择所需的表达方法。

注意保持零件各部分的比例关系及各部分的投影关系。注意选择比例,一般按 1∶1 画出,必要时可以放大或缩小,视图之间留足标注尺寸的位置。

零件上因制造、装配需要的工艺结构,如倒角、倒圆、退刀槽、铸造圆角、凸台和凹坑等,必须画出。

下面给出直齿圆柱齿轮减速器的部分零件草图的各视图,如图 6.7 所示,仅作为参考。

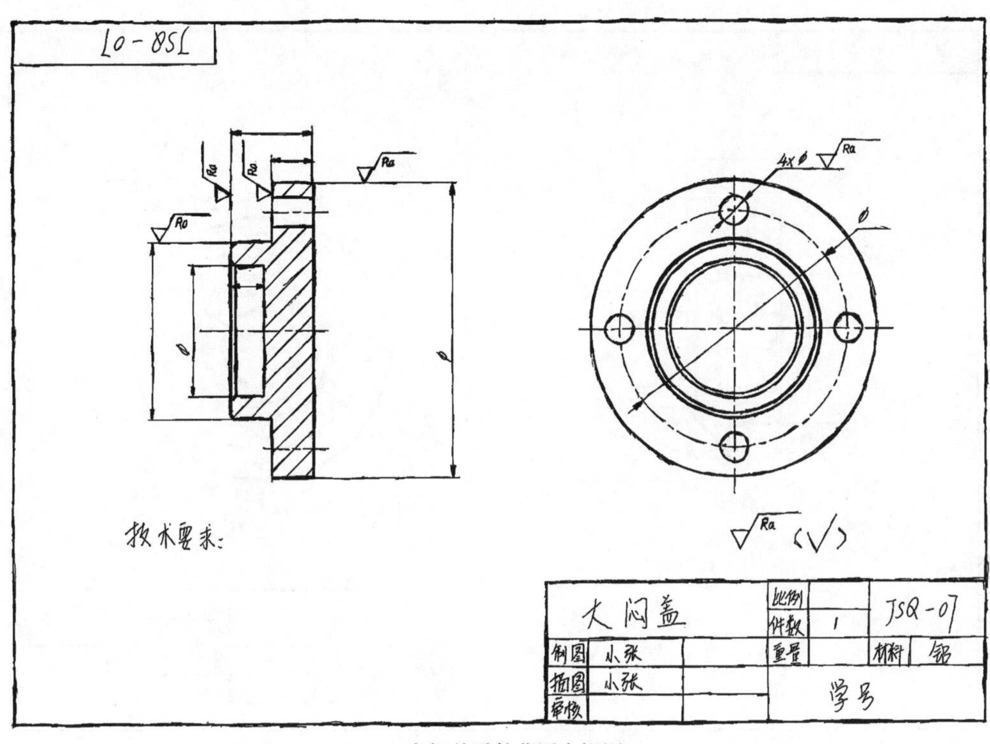

(a) 大闷盖零件草图之视图

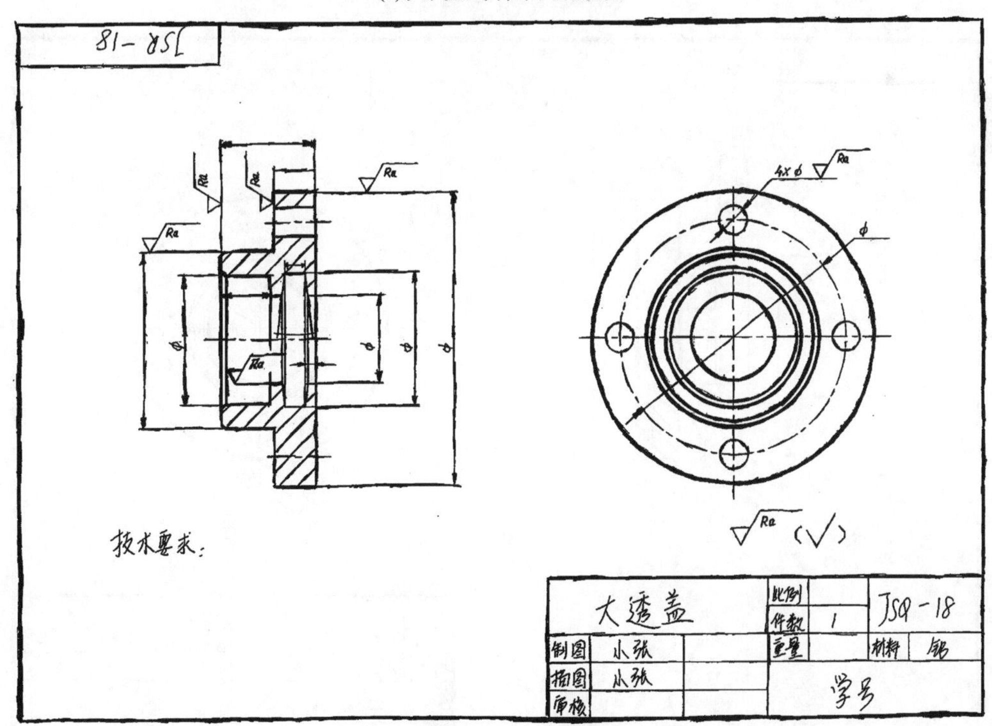

(b) 大透盖零件草图之视图

图 6.7 直齿圆柱齿轮减速器部分零件草图之视图

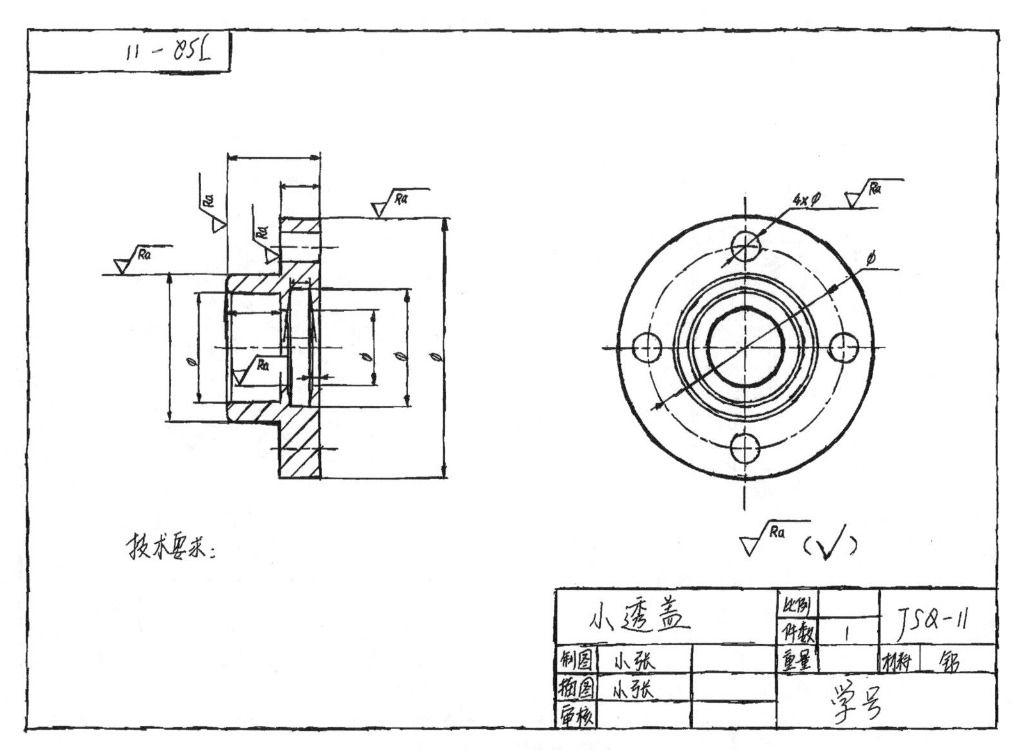

(c) 小透盖零件草图之视图

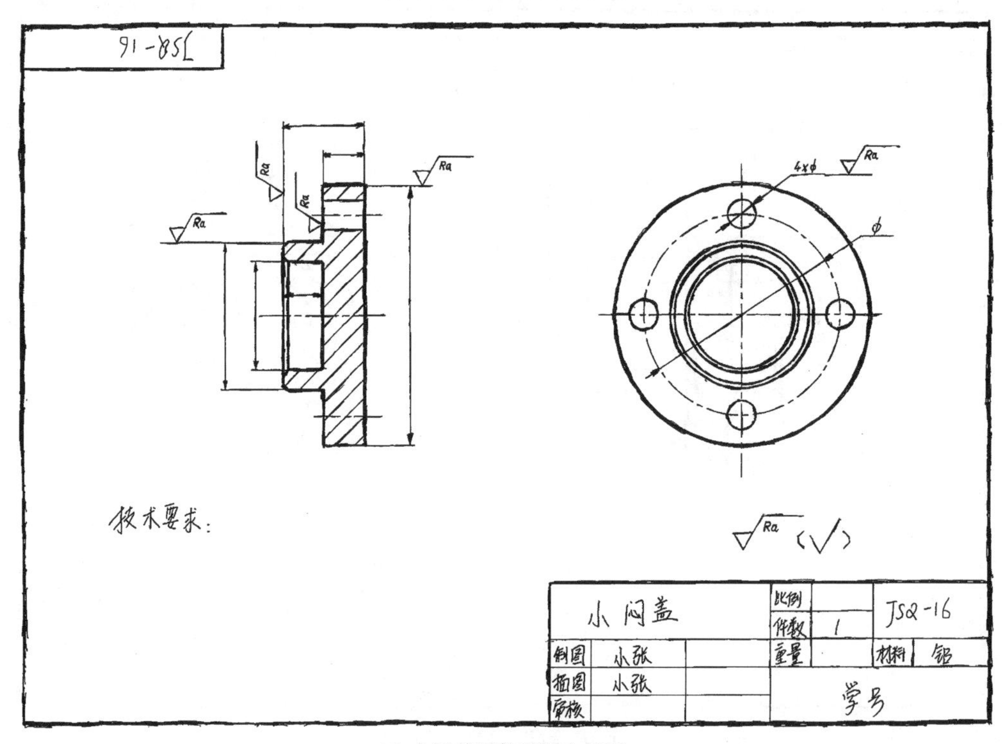

(d) 小闷盖零件草图之视图

续图 6.7

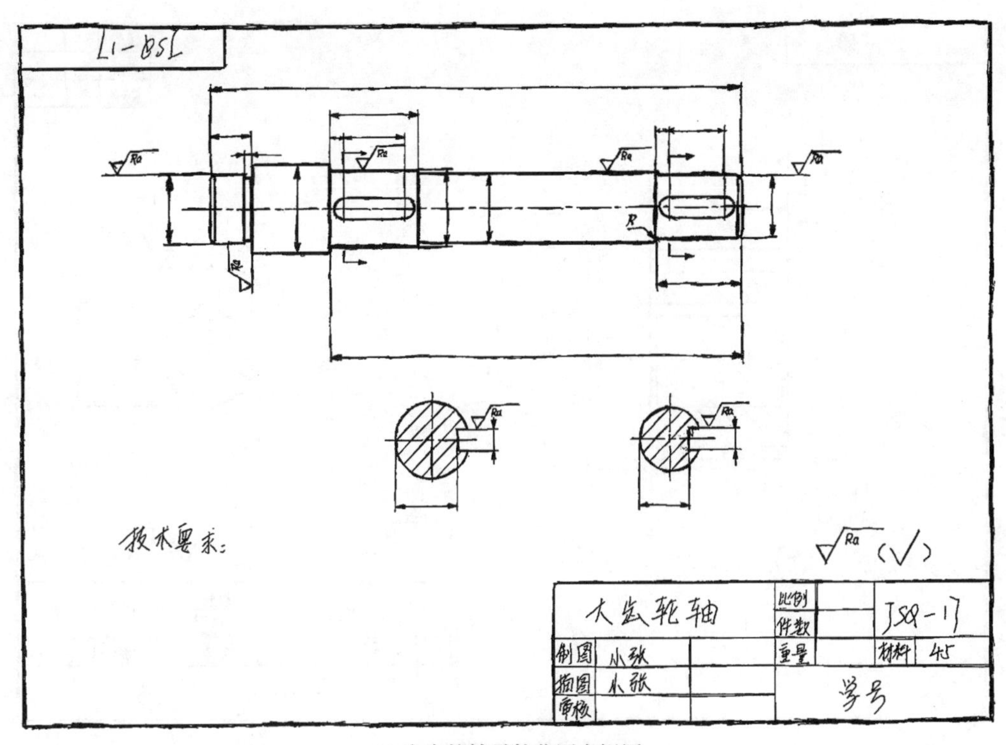

(e) 大齿轮轴零件草图之视图

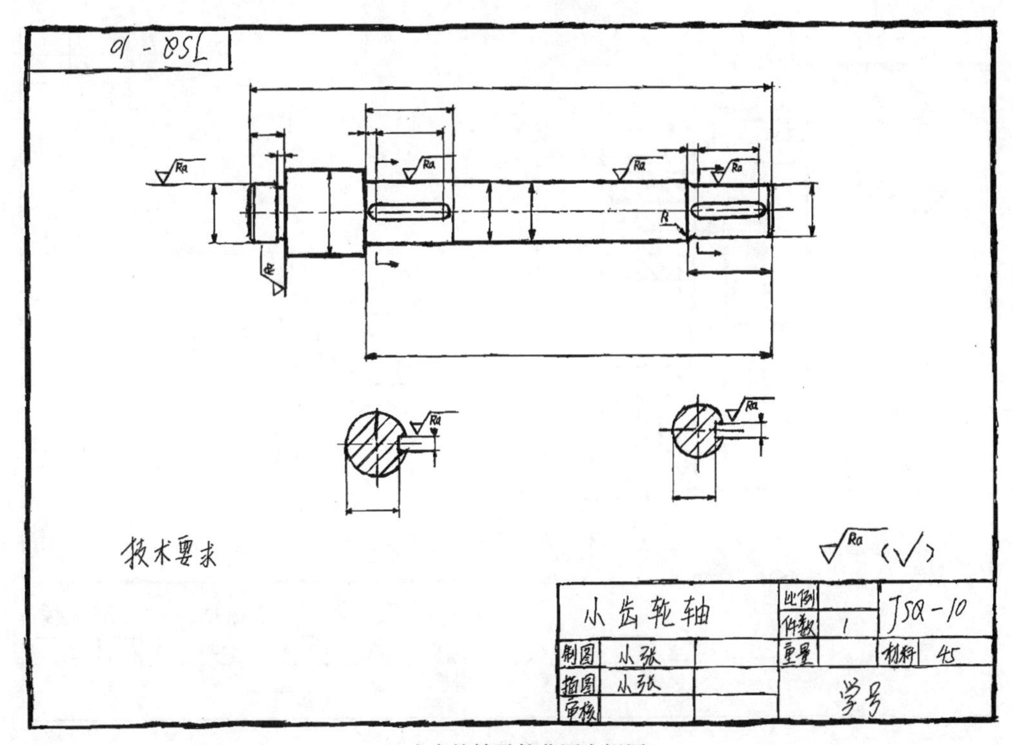

(f) 小齿轮轴零件草图之视图

续图 6.7

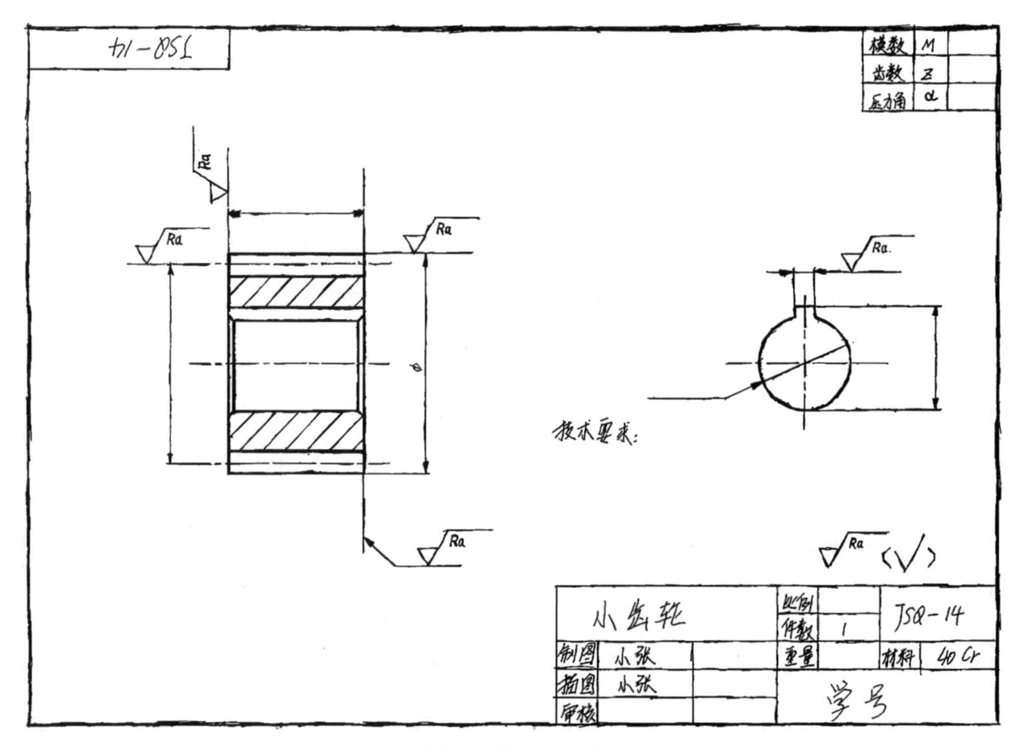

(g) 小齿轮零件草图之视图

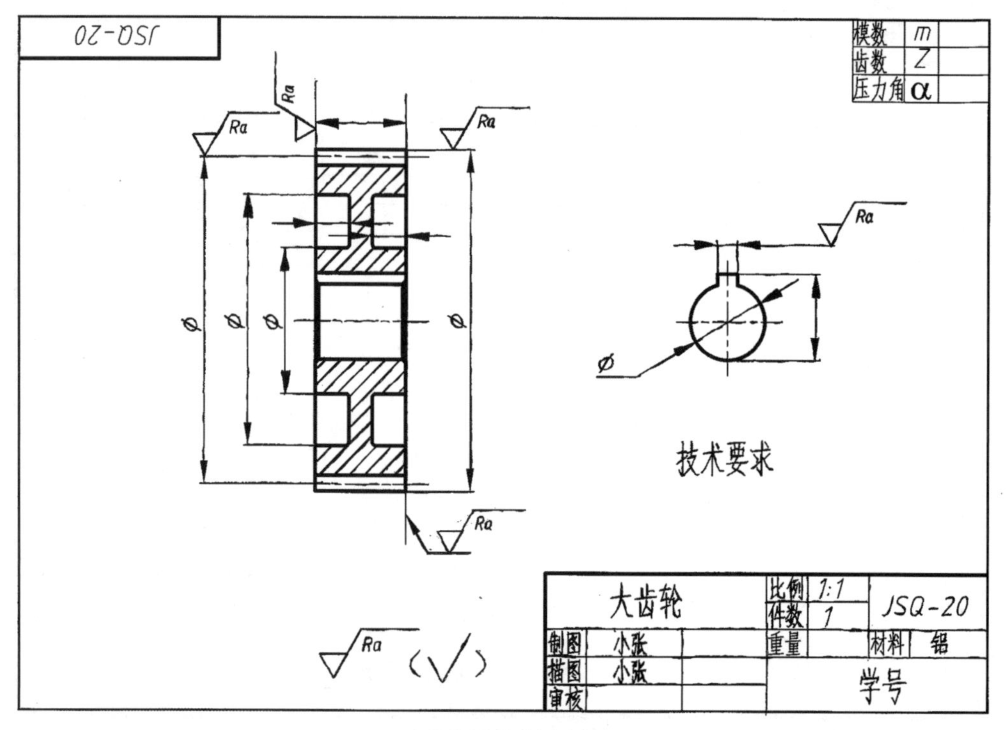

(h) 大齿轮零件草图之视图

续图 6.7

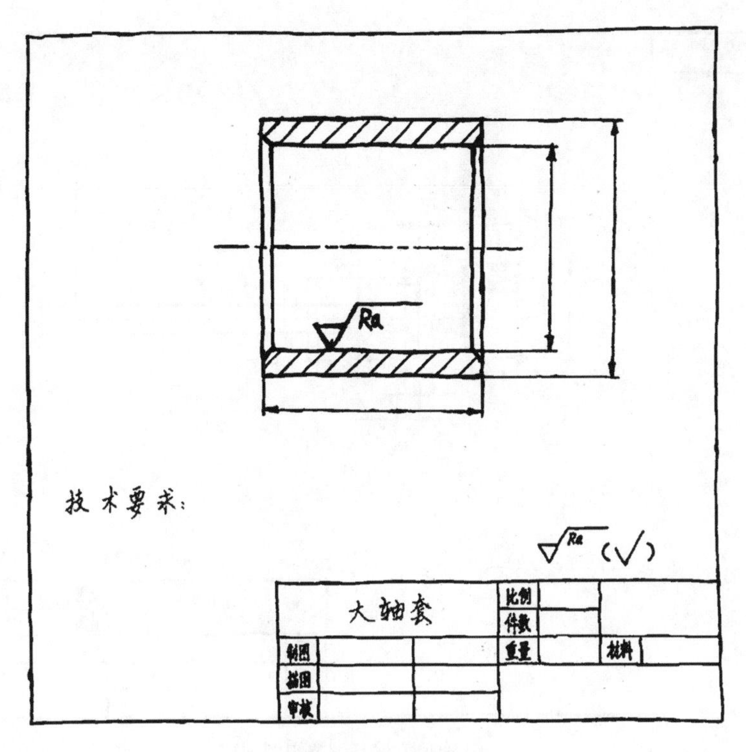

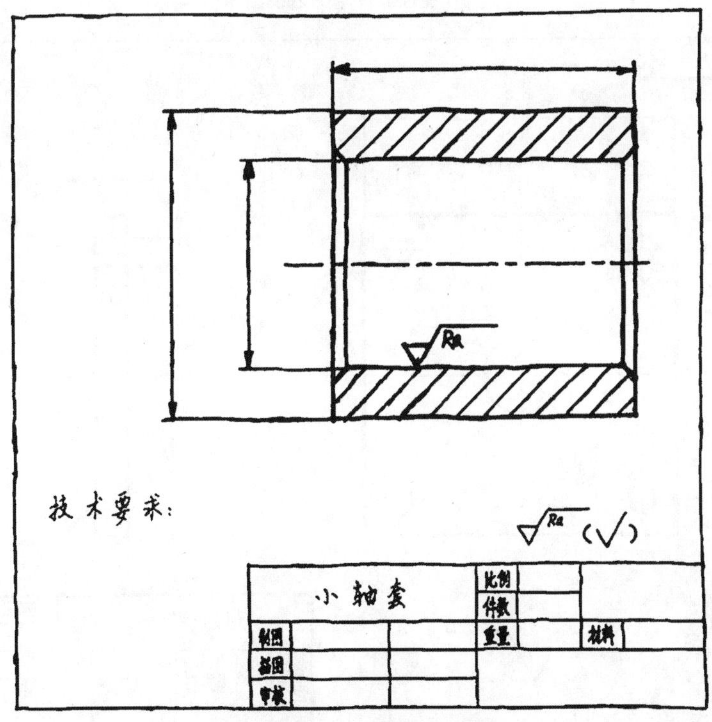

(i) 大、小轴套零件草图之视图

续图 6.7

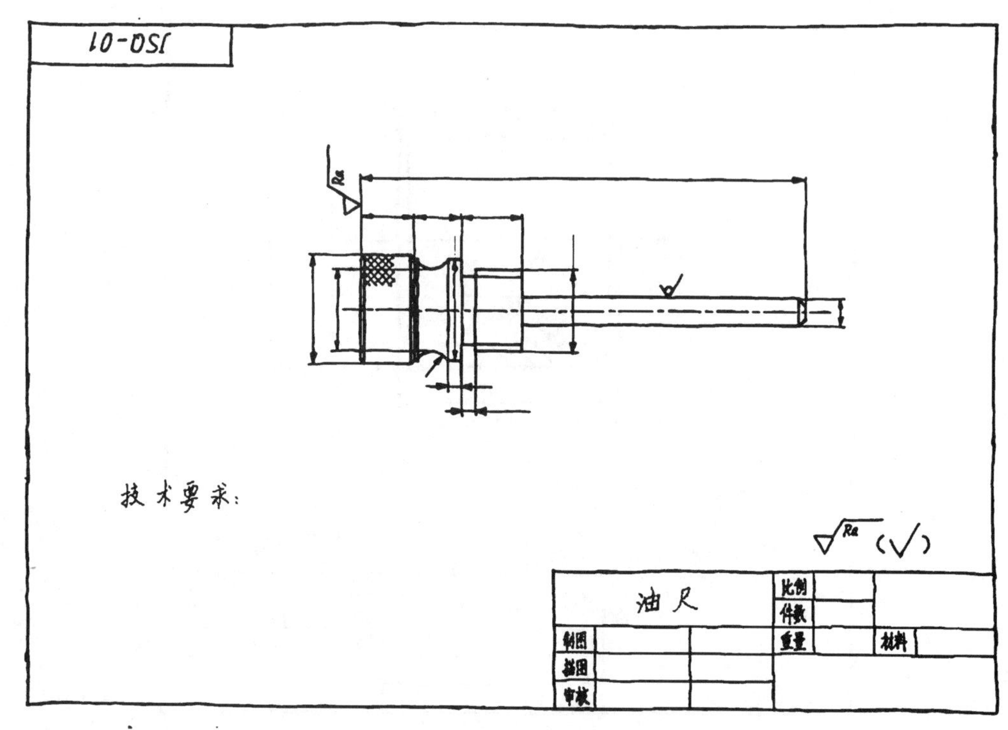

(j) 油尺零件草图之视图

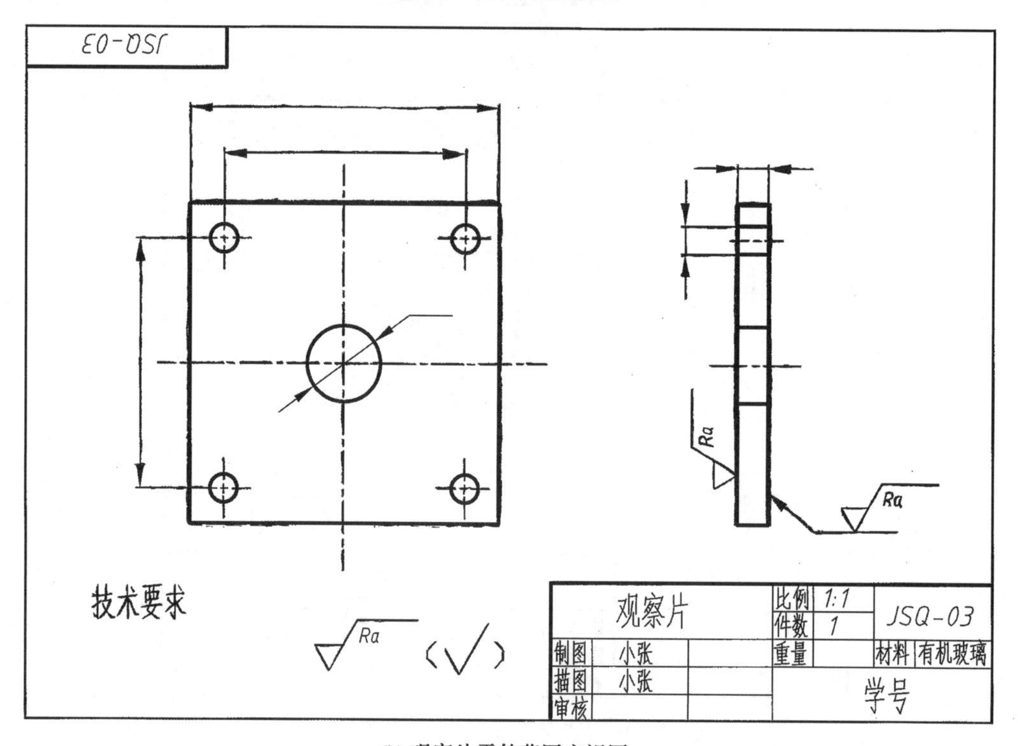

(k) 观察片零件草图之视图

续图 6.7

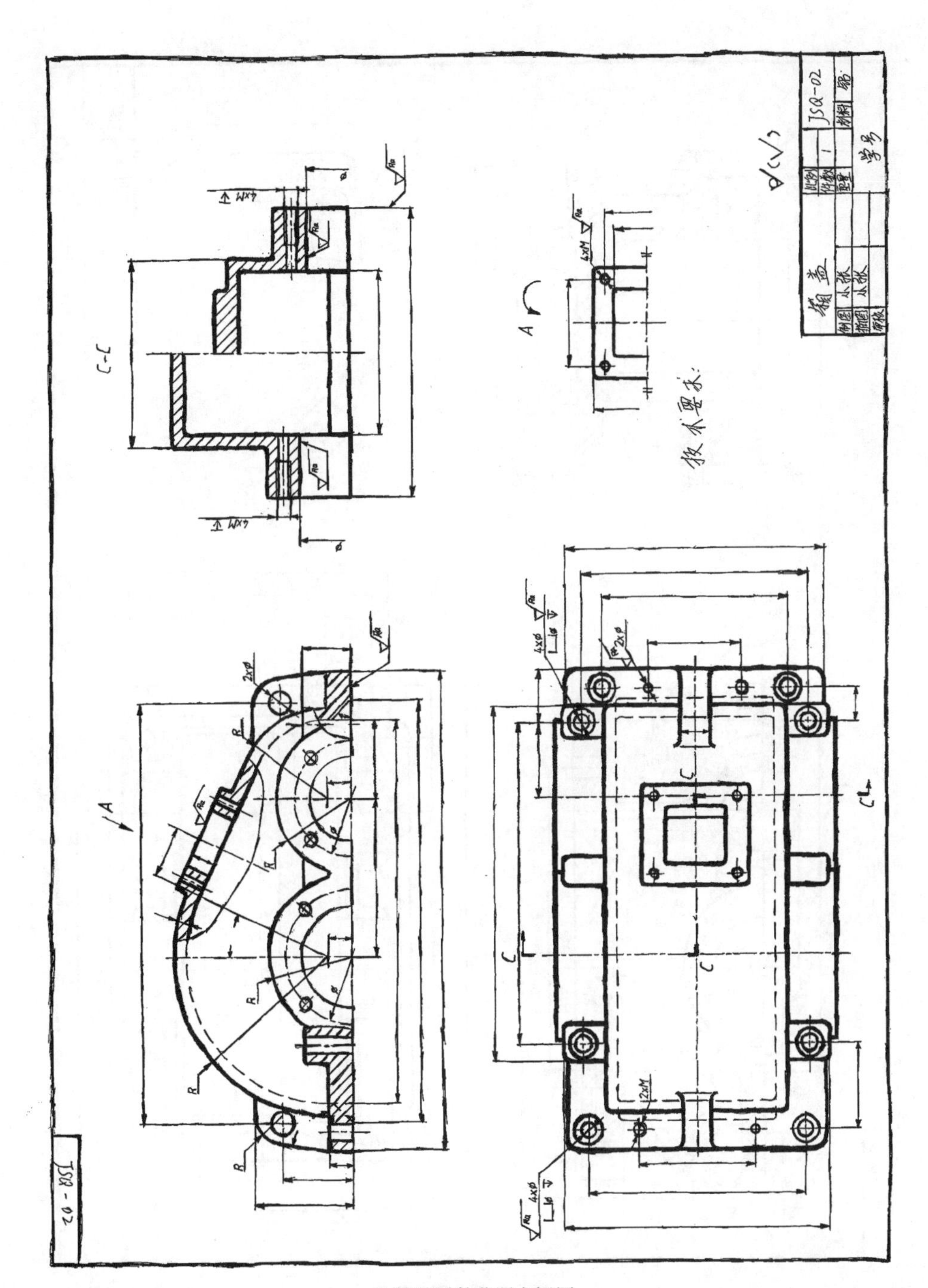

(1) 箱盖零件草图之视图

续图 6.7

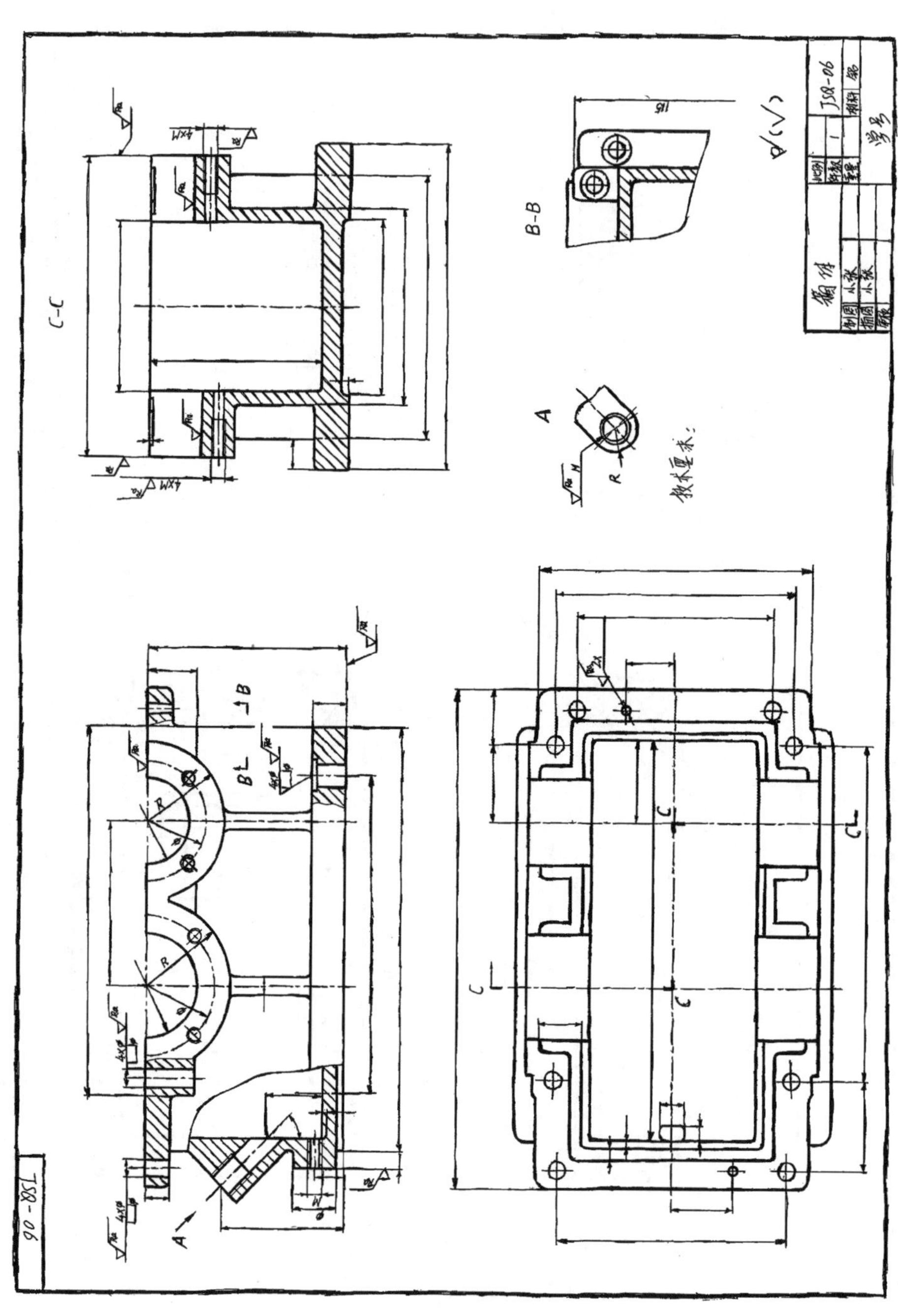

(m) 箱体零件草图之视图

续图 6.7

(2)测量尺寸。

在测量零件时,应根据零件尺寸的精确程度选用相应的量具,精度低的尺寸可用内、外卡钳及钢直尺测量,精度较高的尺寸应用游标卡尺测量。测量所得的尺寸还必须进行尺寸处理:

①一般尺寸大多数情况下要圆整到整数。

②对零件上的标准结构尺寸,如倒角、圆角、键槽、退刀槽等结构和螺纹的大径、齿轮的模数等尺寸,要查阅附表13~15来确定取相应的标准值。零件上与标准零部件(如挡圈、滚动轴承等)相配合的轴与孔的尺寸,可通过标准零部件的型号(如滚动轴承)查阅附表11确定。

③有些尺寸要进行复核,如箱盖与箱体上轴孔中心距要与齿轮的中心距核对。

④对有配合关系的零件尺寸,测量后应同时在相关的零件草图上一起注出,以保证关联尺寸的准确性。

(3)标注尺寸公差。

直齿圆柱齿轮减速器中,齿轮与轴之间存在间隙配合,滚动轴承外圈与箱体孔之间、轴承内圈与轴之间有过渡配合要求,这些尺寸应根据其配合性质查阅附图1~2和附表1~2,标注相应的公差值。

(4)标注表面粗糙度。

标注表面粗糙度时,应首先判别零件的加工面与非加工面,对于加工面应观察零件各表面的纹理,并根据零件各表面的作用和加工情况及尺寸公差等级要求,参考表4.1标注表面粗糙度。

所有加工表面都要标注粗糙度符号,等级的确定一般可参考如下:

①配合表面:Ra 值取0.8~3.2 μm,公差等级高的 Ra 取较小值。

②接触面:Ra 值取3.2~6.3 μm,如零件的定位底面 Ra 可取3.2 μm,一般端面可取6.3 μm等。

③需加工的自由表面(不与其他零件接触的表面):Ra 值可取12.5~25 μm,如螺栓孔等。

(5)标注几何公差。

根据使用要求,参考类似零件,确定几何公差类别及公差等级,查附表20~22,标注相应公差值。

(6)标注其他技术要求或文字说明。

用符号不便于表示,而在制造时或加工后又必须保证的条件和要求,用文字说明其技术要求的相关内容。可参考类似零件进行。

标题栏中填写的零件材料的确定,可根据实物结合相关标准、手册的分析初步确定。常用的金属材料有碳钢、铸铁、铜、铝及其合金。参考同类型零件的材料,用类比法确定或参阅有关手册。

下面给出直齿圆柱齿轮减速器部分零件草图,如图6.8所示,作为参考。

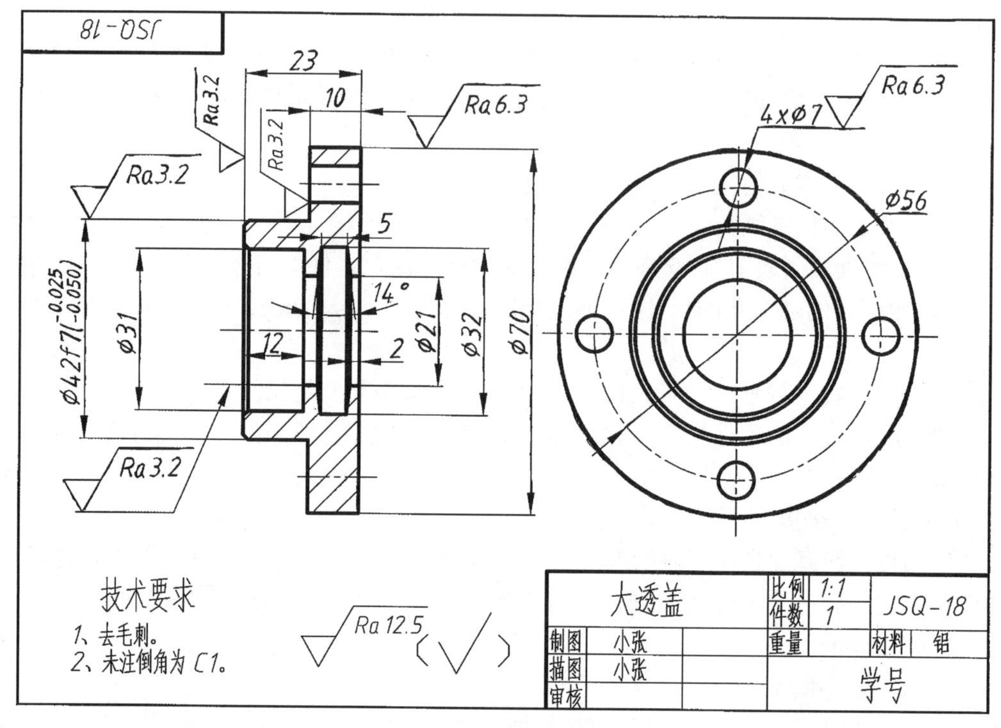

(a) 大透盖零件草图

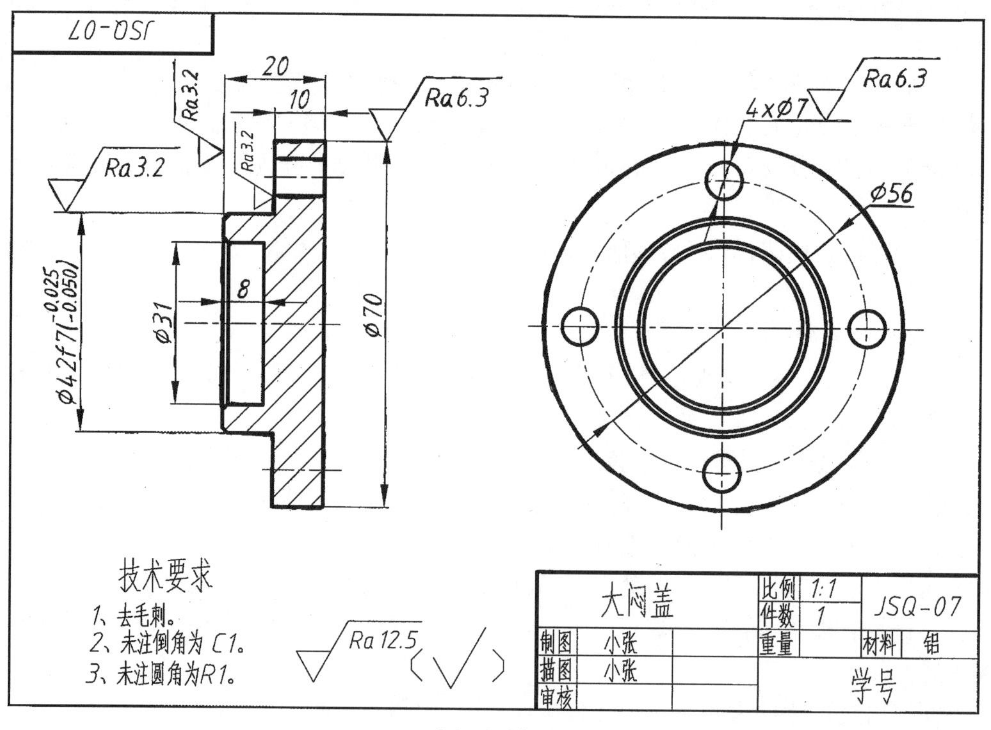

(b) 大闷盖零件草图

图 6.8 直齿圆柱齿轮减速器部分零件草图

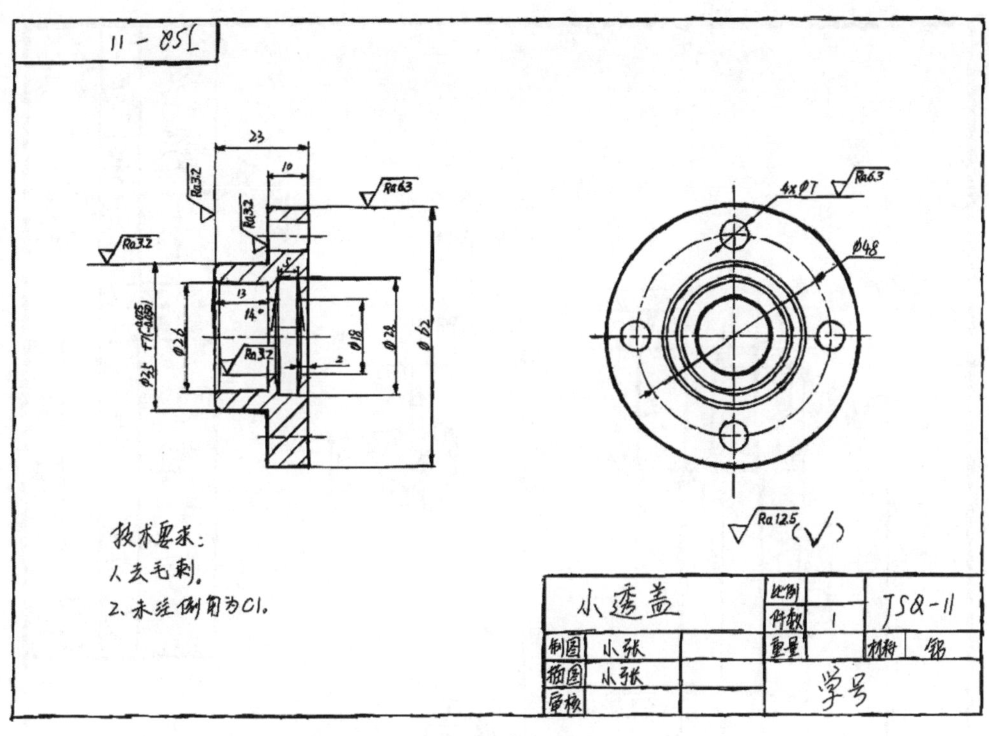

(c) 小透盖零件草图

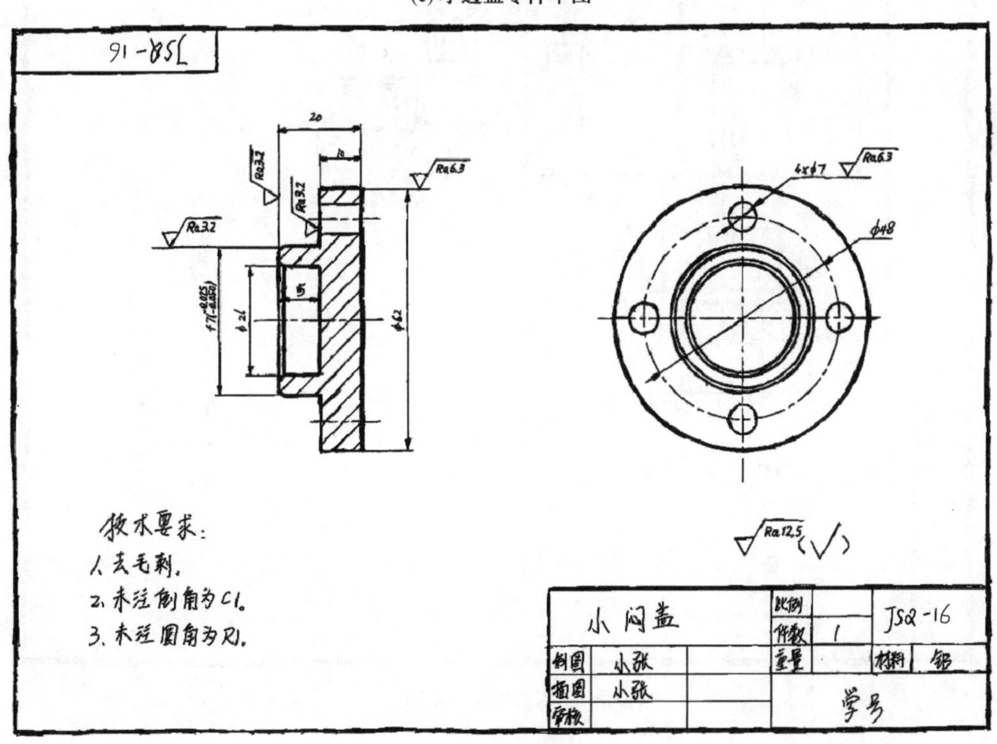

(d) 小闷盖零件草图

续图 6.8

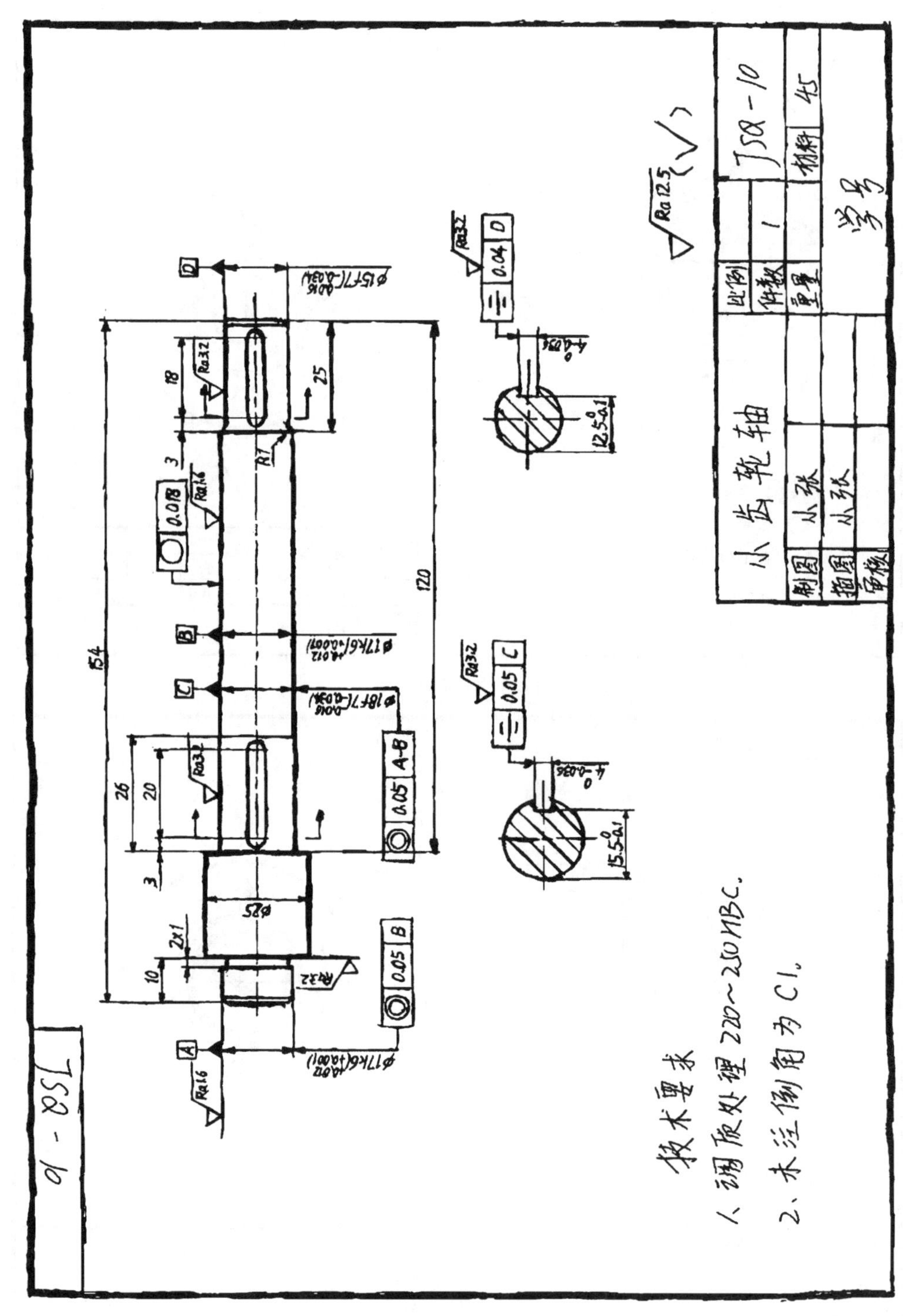

(e) 小齿轮轴零件草图

续图 6.8

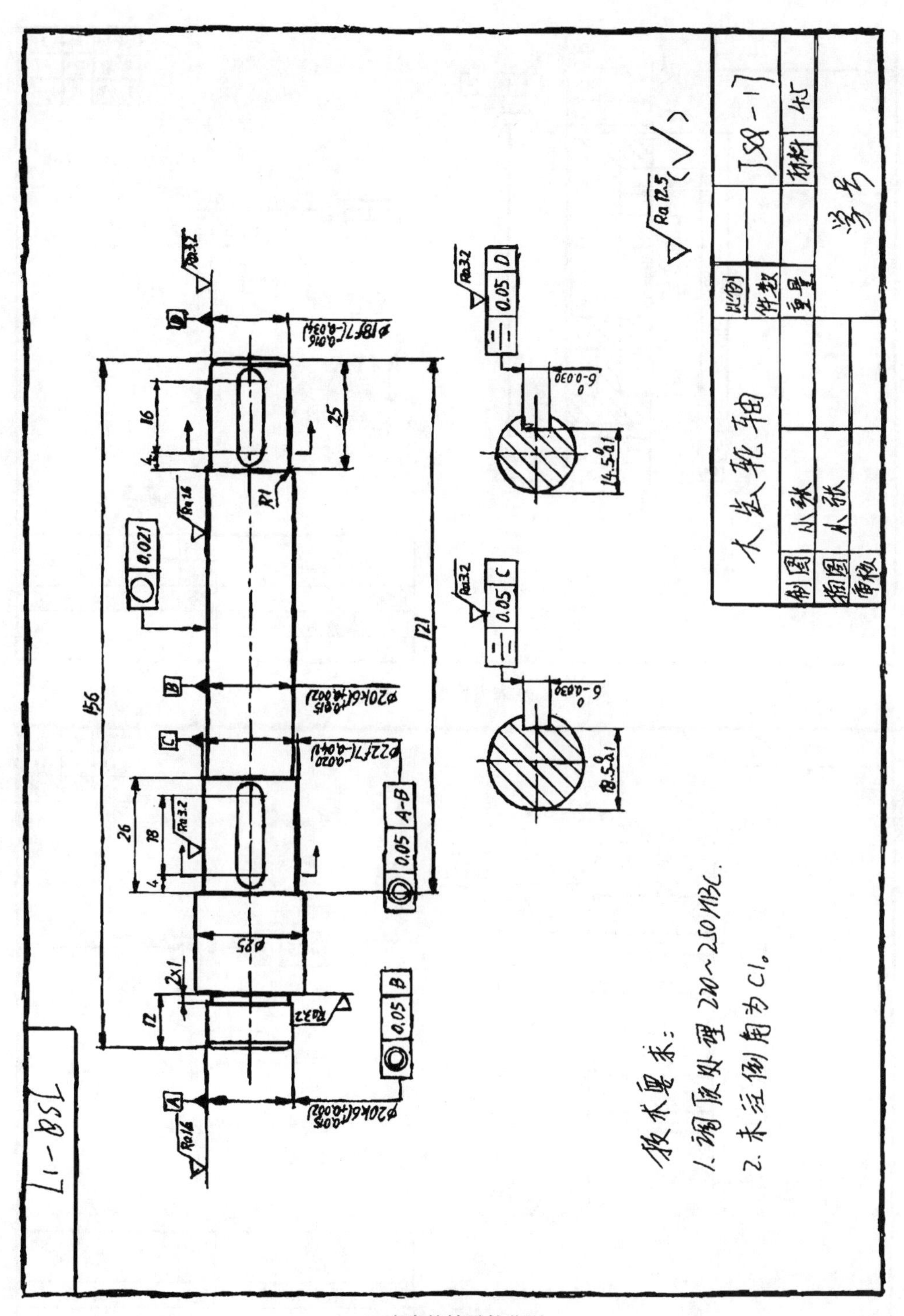

(f) 大齿轮轴零件草图

续图 6.8

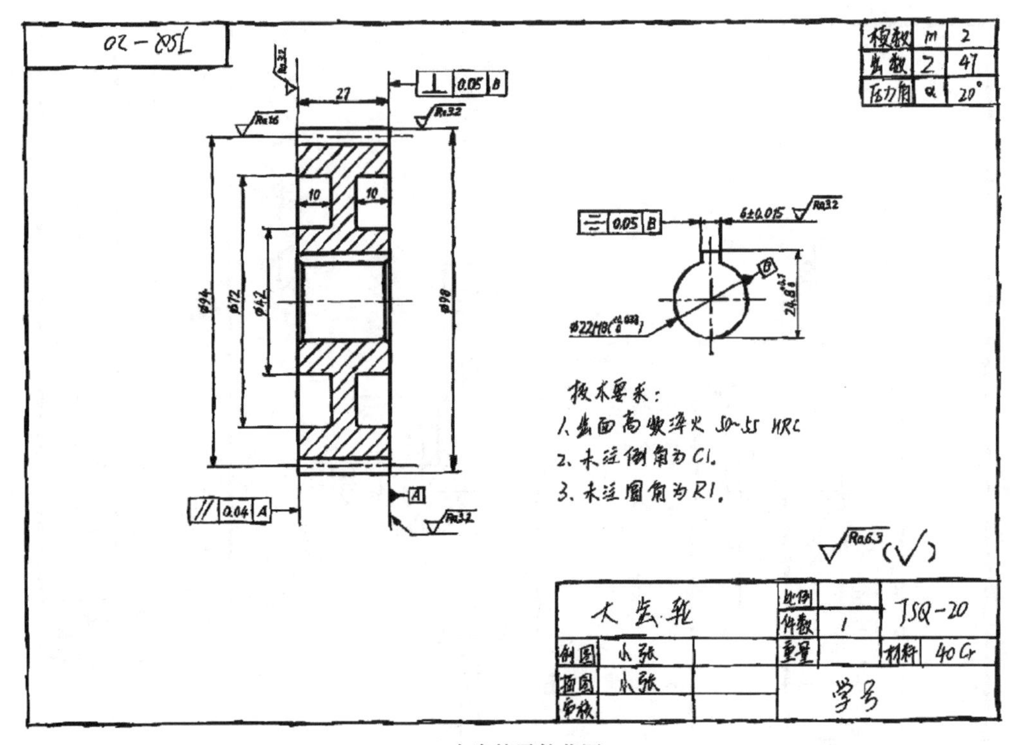

(g) 大齿轮零件草图

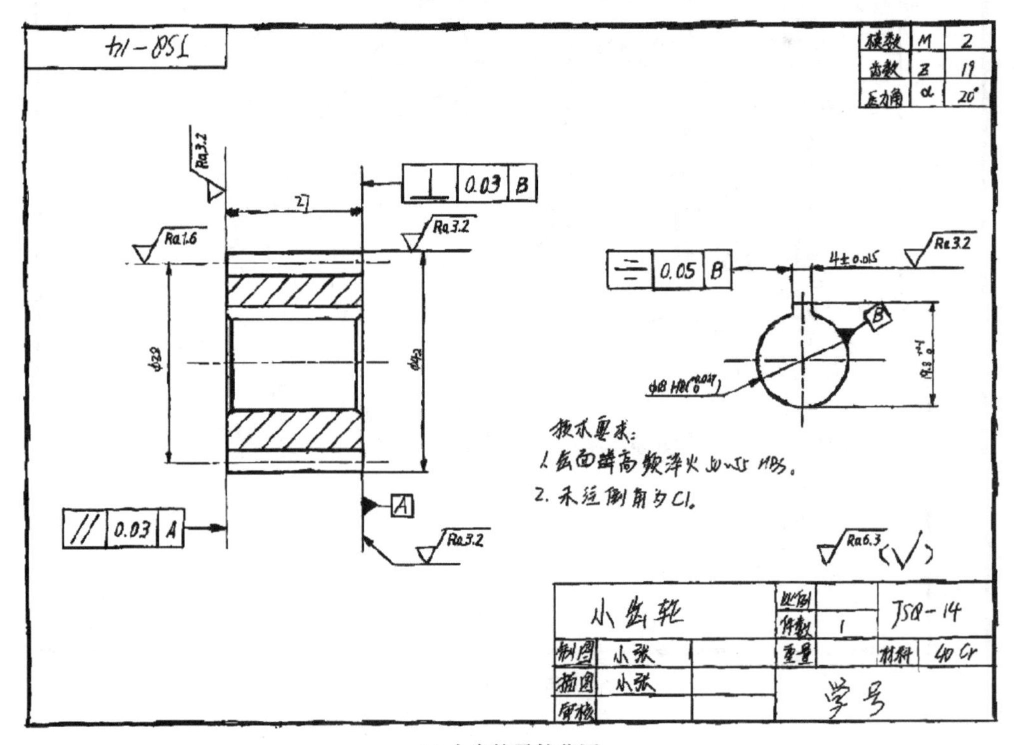

(h) 小齿轮零件草图

续图 6.8

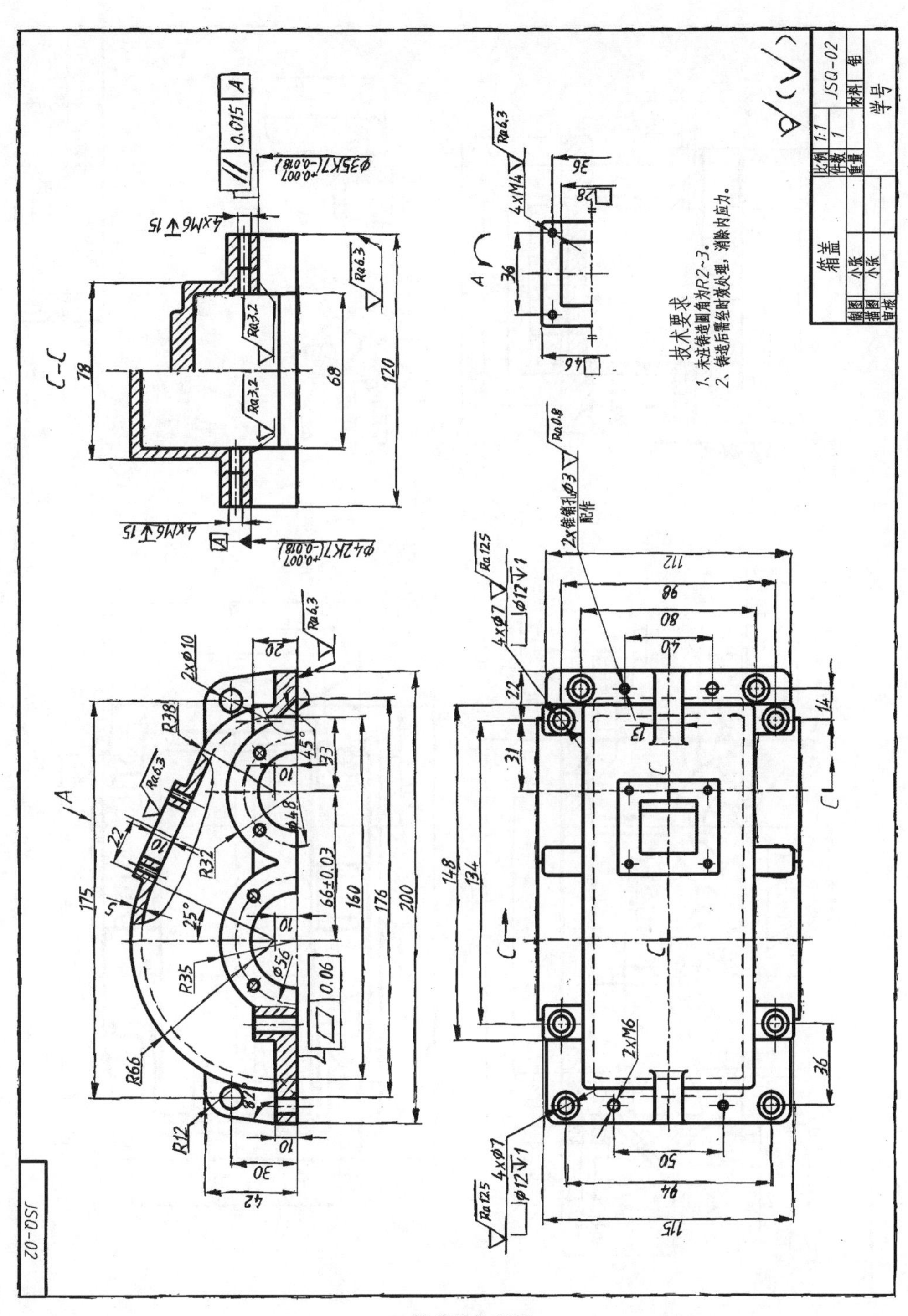

(i) 箱盖零件草图

续图 6.8

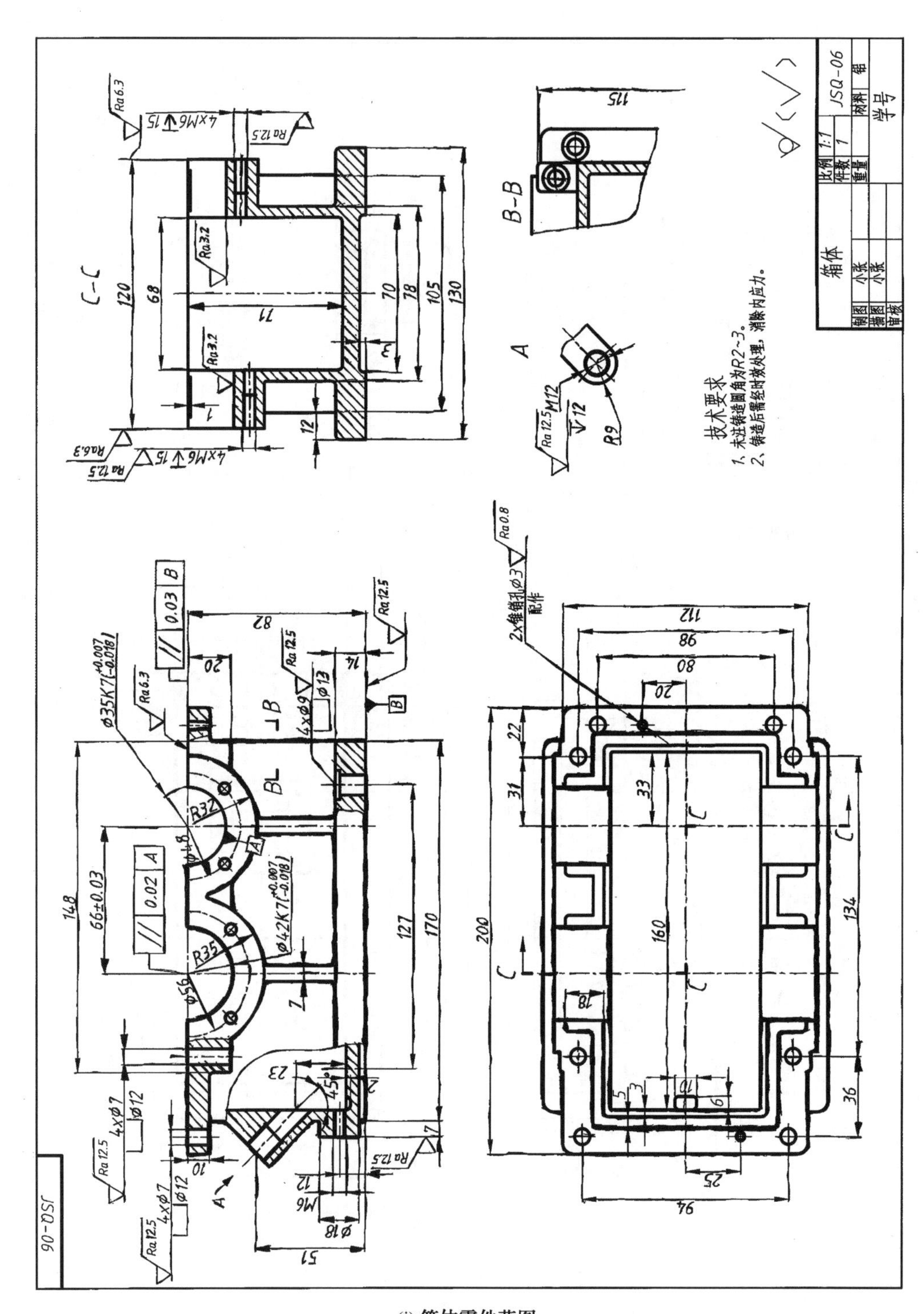

(j) 箱体零件草图

续图 6.8

(7)确定标准件的类型、规格和标准代号。

对标准件,只需正确测量其主要尺寸,然后查阅相关标准,确定标准件的类型、规格和标准代号,并将其标注在零件明细表中。另外,画装配图所需的尺寸也要记录下来(如轴承的外径和宽度)。

3. 绘制直齿圆柱齿轮减速器的装配图

根据装配示意图和零件草图绘制装配图是测绘的主要任务,装配图不仅要求表达出机器的工作原理、装配关系以及主要零件的结构形状,还要检查零件草图上的尺寸是否协调合理。在绘制装配图的过程中,若发现零件草图上的形状或尺寸有错,应及时更改,再继续画装配图。这是一次很重要的校对工作,必须认真仔细。装配图的绘制步骤如图6.9所示。

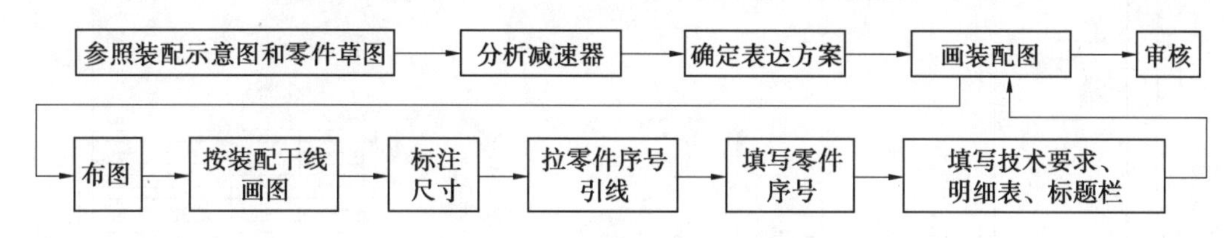

图6.9 装配图的绘制步骤

(1)确定表达方案。

由于装配图不仅表达了部件的工作原理、各零件的装配关系,而且反映了主要零件的形状结构,所以应根据已学过的装配图的各种表达方法(包括一些特殊的表达方法,如拆卸画法、夸大画法和简化画法等),选用适合的表达方法。根据前面对直齿圆柱齿轮减速器的表达分析,对该减速机的表达方案可考虑如下:

①主视图的选择应符合其工作位置,重点表达减速机的外形,同时对螺栓连接、油尺及视孔盖和透气塞等的连接采用局部剖视的方法表达。这样不但表达了这几处的装配连接关系,同时对下箱体左右两边和下边壁厚进行了表达,而且油面高度及大齿轮的浸油情况也可以表达清楚。

②俯视图可采用沿结合面剖切的画法,将内部的装配关系以及零件之间的相互位置清晰地表达出来,同时也表达出齿轮的啮合情况以及轴系的润滑情况。

③左视图可采用局部剖视图,主要表达外形。可以考虑在其上作局部剖视,表达出起盖螺栓的连接情况。

(2)画装配图的步骤。

①确定比例和图幅。装配图的表达方法确定后,应根据具体部件的真实大小及其结构的复杂程度,确定合适的比例和图幅,选定图幅时不仅要考虑视图所需的面积,而且要把标题栏、明细表、零件序号、标注尺寸和注写技术要求的位置一并计算在内,确定图纸幅面(建议选用A1图幅,1∶1比例)后即可着手合理地布置图面。

②布图。根据表达方案画主要基准线,即画出三视图中主动轴和被动轴装配干线的轴线和中心线;主、左视图中的底面和俯视图中主要对称面的对称线,如图6.10(a)所示。

③先画大的箱体类零件，便于布图，这里先画上箱盖和下箱体，如图6.10(b)所示。(为了图形表达更为清楚，下面的图纸大小有改动)

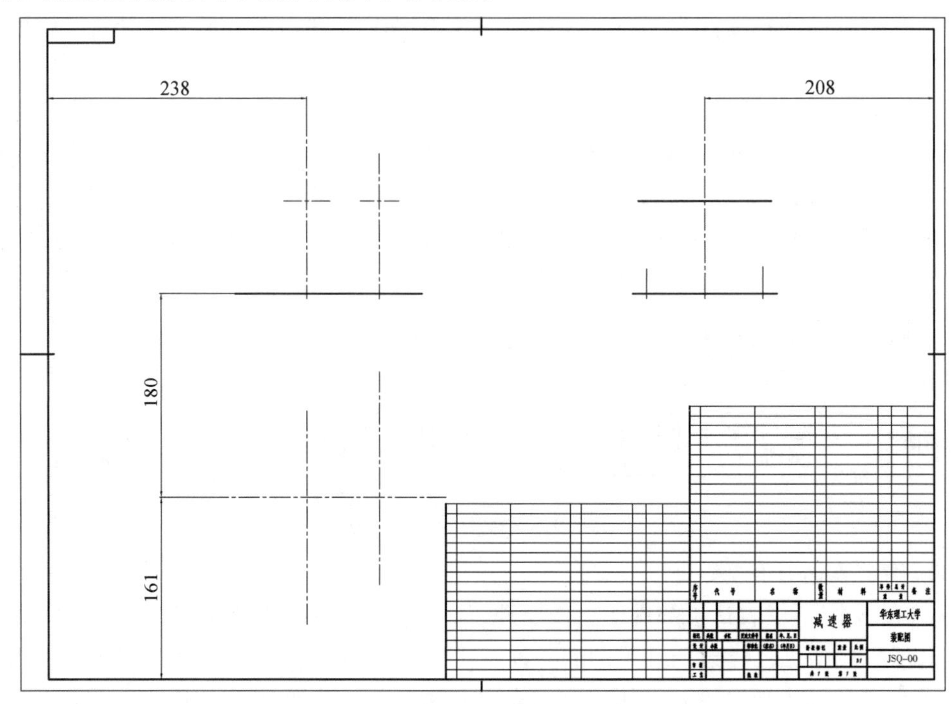

(a) 画主要基准线

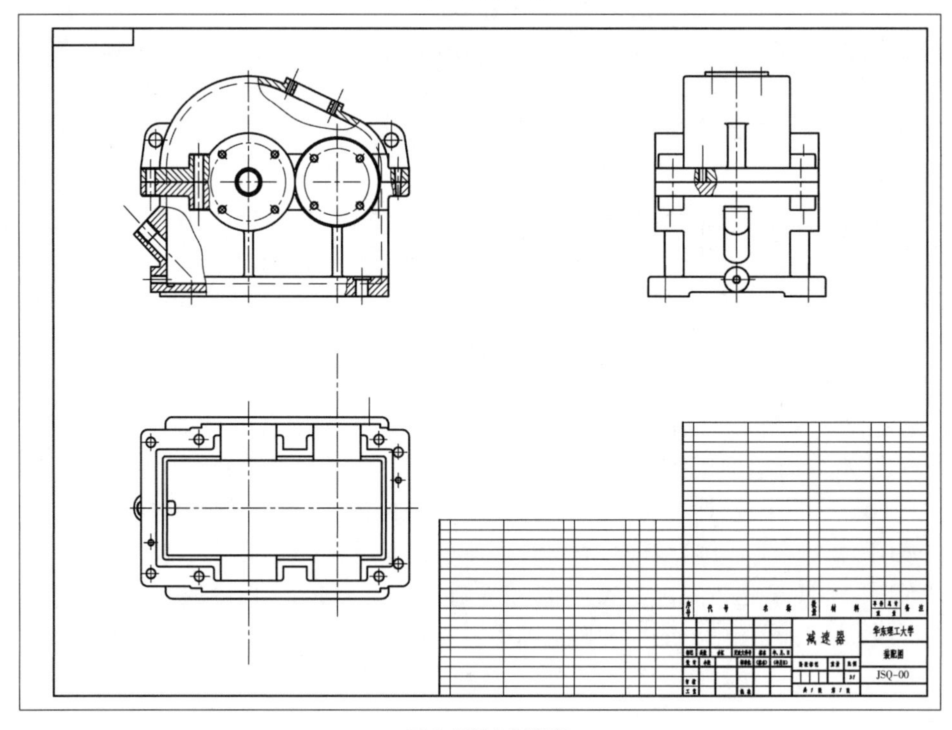

(b) 画上箱盖和下箱体

图6.10 绘制直齿圆柱齿轮减速器装配图

④画啮合的大小齿轮、大小齿轮轴,如图6.10(c)所示。

⑤画轴承、轴套,如图6.10(d)所示。

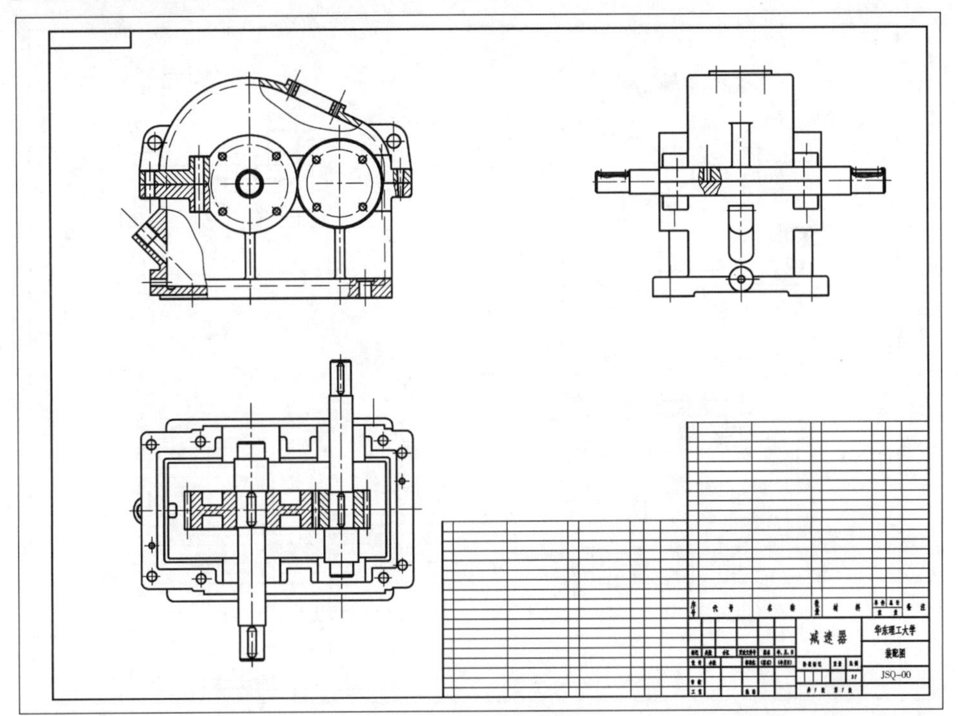

(c) 画大小齿轮、大小齿轮轴

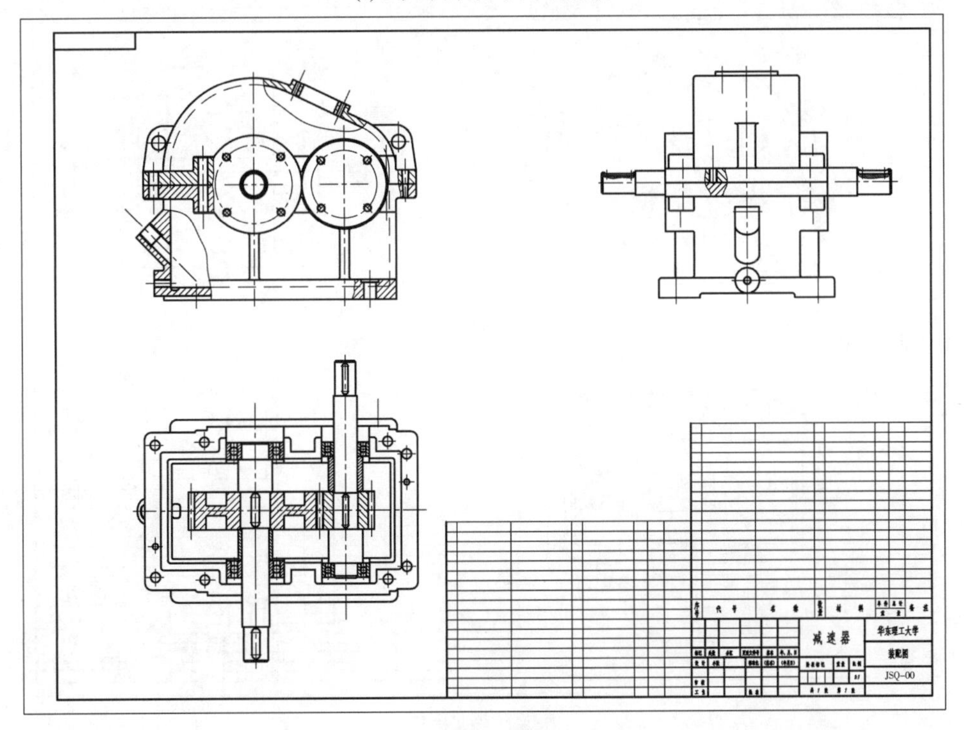

(d) 画轴承、轴套

续图6.10

⑥画调整环、闷盖、透盖和通气塞,如图 6.10(e)所示。

⑦画螺栓、油尺,如图 6.10(f)所示。

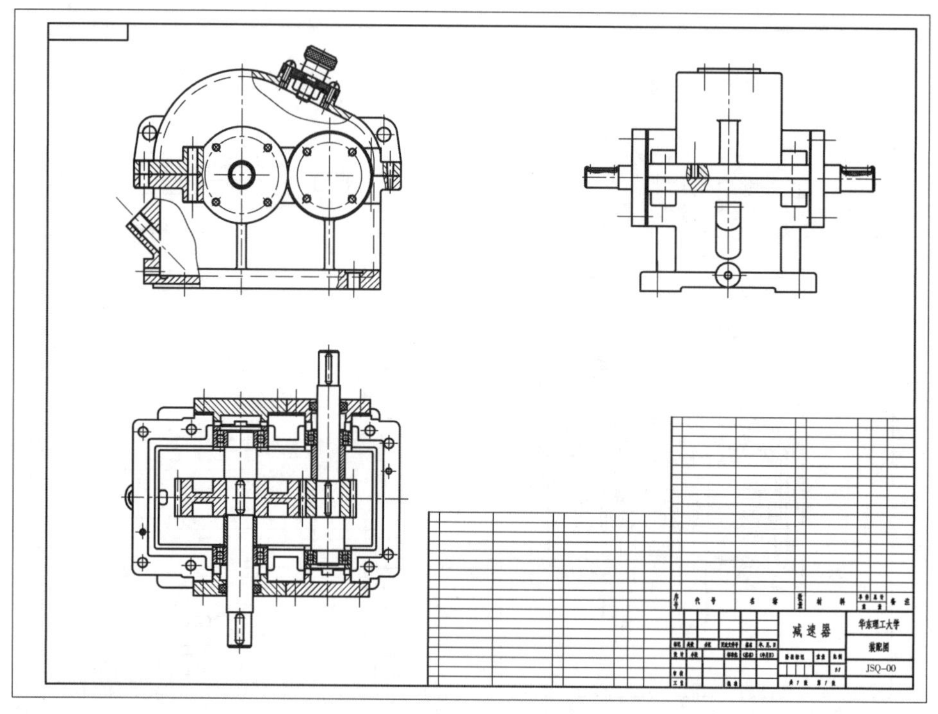

(e) 画调整环、闷盖、透盖和通气塞

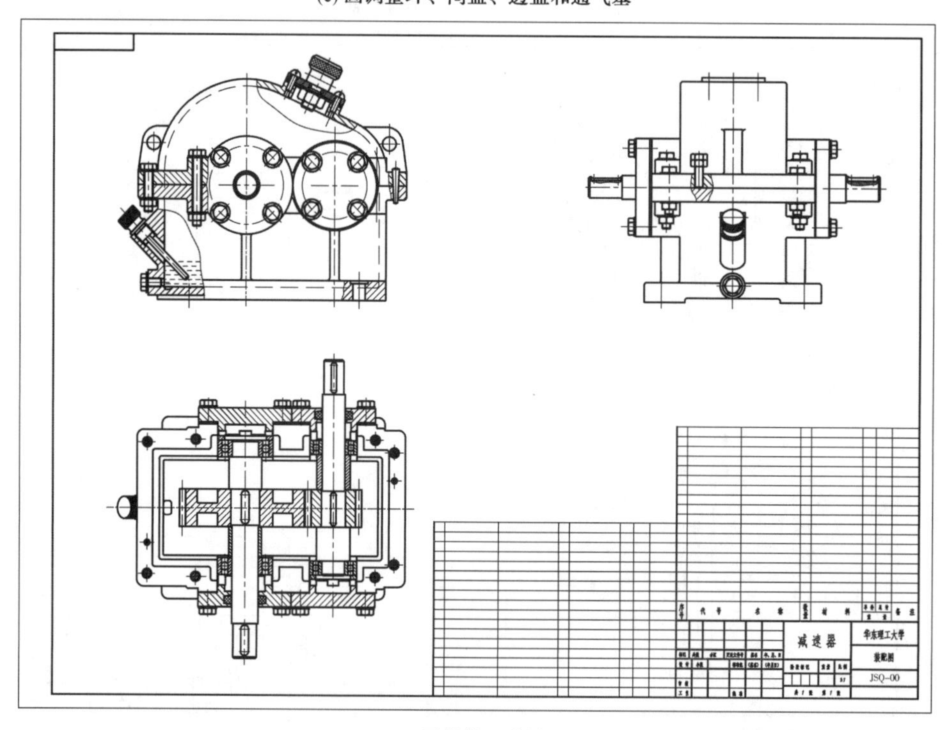

(f) 画螺栓、油尺

续图 6.10

⑧标注尺寸,拉好零件指引线,如图6.10(g)所示。

在装配图上应标注以下五类尺寸:

规格性能尺寸:两轴线中心距(参考公差:±0.03 mm)、中心高尺寸(参考公差:-0.1 ~0 mm)。

装配尺寸:滚动轴承(内、外圈参考配合:k6、K7)、齿轮与轴的配合尺寸(参考配合:H8/f7)和端盖与箱体孔的配合尺寸(参考配合:H7/g6)等。

总体尺寸:减速器的总长、总宽和总高。

安装尺寸:下箱体底座上安装孔的直径、孔距及底面长、宽。

其他重要尺寸:如轴端直径等。

⑨填写尺寸数值、零件编号、标题栏、明细表及技术要求等,必须用文字说明或采用符号标注的形式指明机器或部件在装配调试、安装使用中必需的技术条件。如轴向间隙应调整在(0.10±0.02)mm的范围内,运转平稳,无松动现象,无异常响声;各连接处与密封处不应有漏油现象。全面检查,完成全图如图6.10(h)所示。

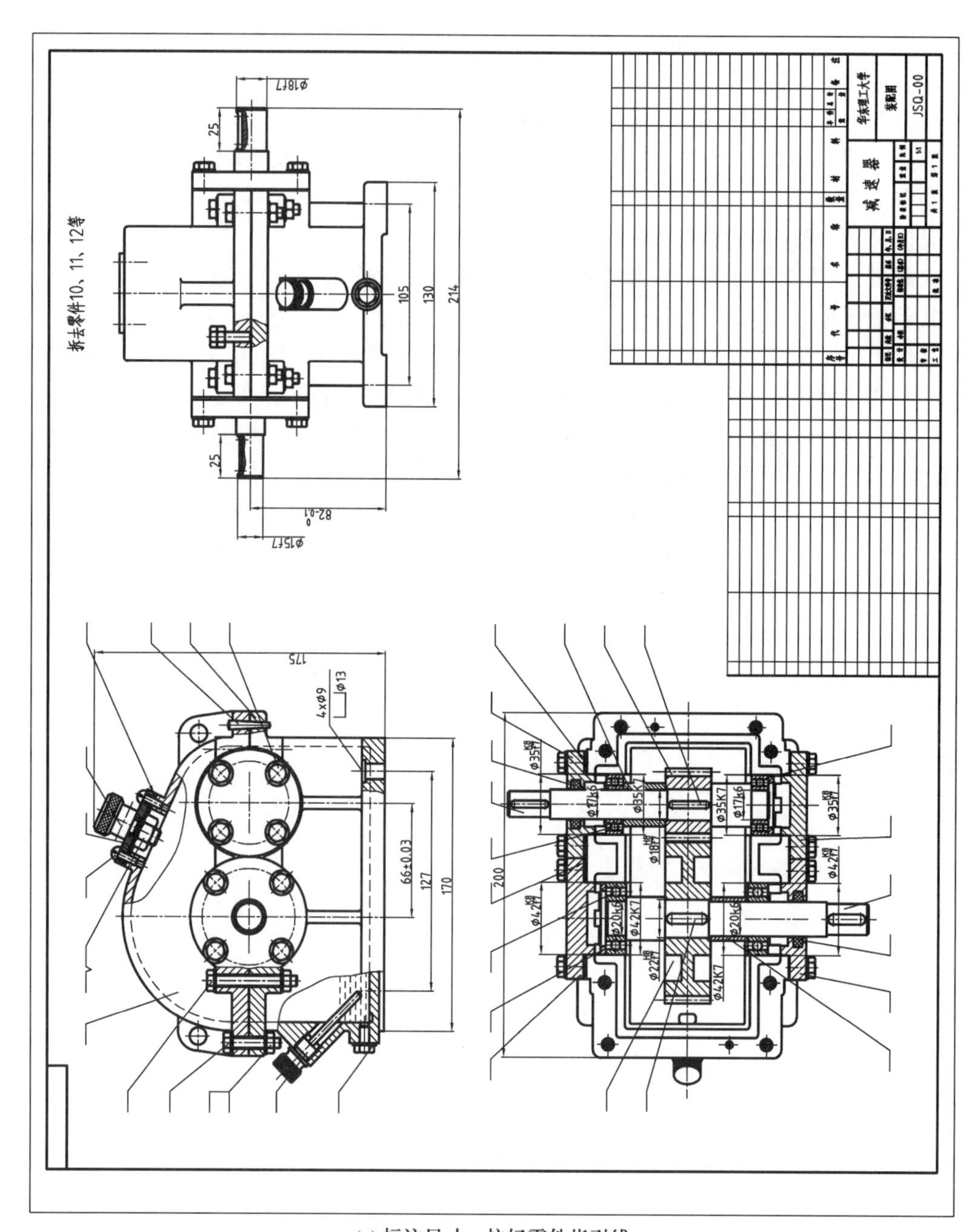

(g) 标注尺寸，拉好零件指引线

续图 6.10

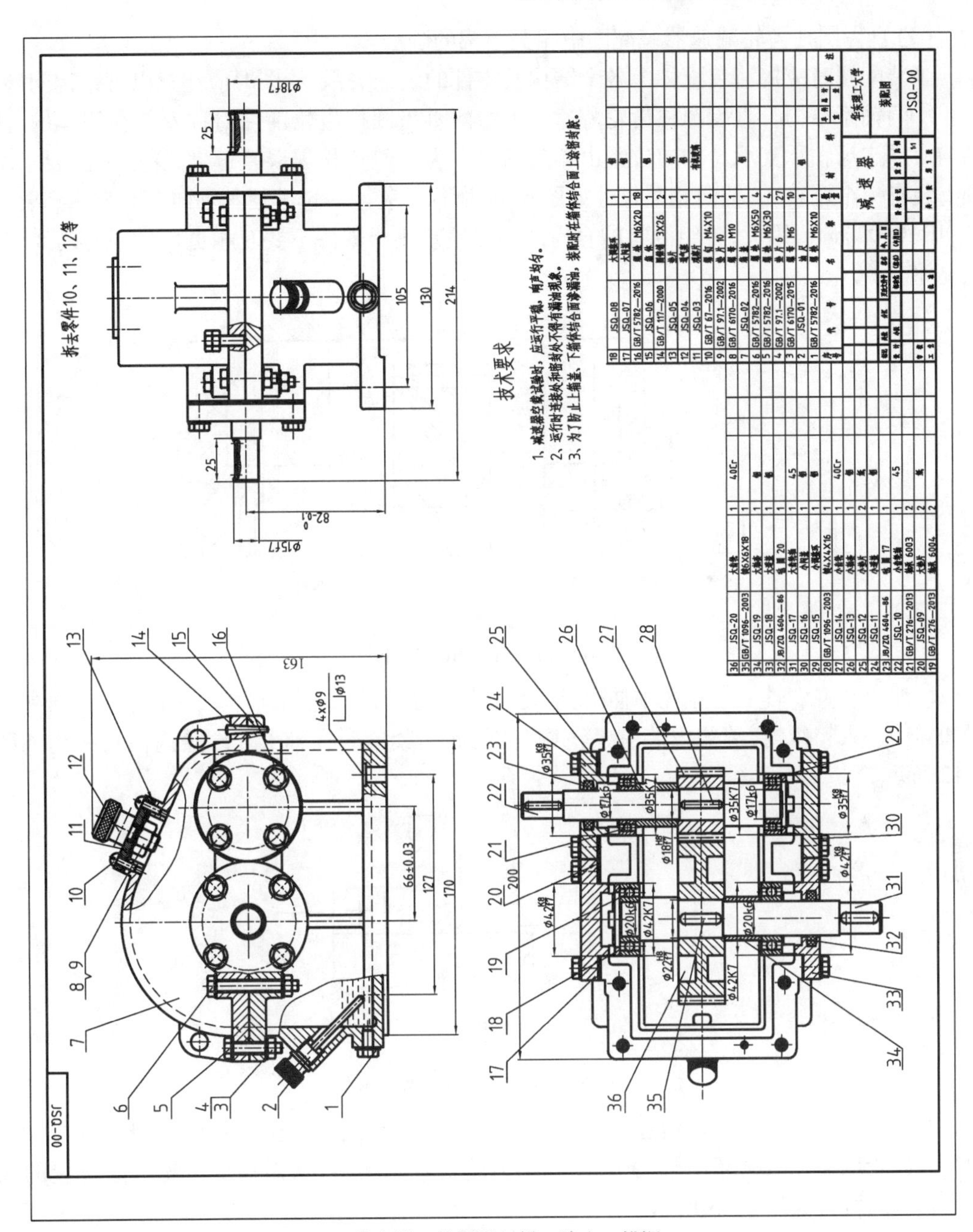

(h) 编序号、填写明细栏、检查、描深

续图 6.10

(3)直齿圆柱齿轮减速器装配图中相关结构的画法。

画装配图时应搞清装配体上各个结构及零件的装配关系,绘图时应注意以下结构问题。

①两轴系结构。直齿圆柱齿轮减速器中的两直齿圆柱齿轮前后对称安装在箱体内,两轴均由深沟球轴承支承。轴向位置由端盖确定。为了避免积累误差过大,保证装配要求两轴上装有一个调整环,轴向相关尺寸如图6.11所示。装配时选配使其轴向总间隙达到要求(0.10±0.02)mm,因此,各组测绘的直齿圆柱齿轮减速器零件不要互相更换,否则会影响装配复原。

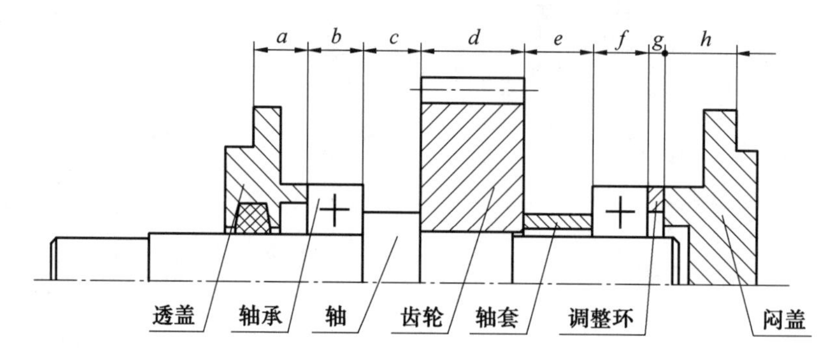

图6.11 轴向相关尺寸

②油封装置。轴从透盖孔中伸出,该孔与轴之间留有一定的间隙。为了防止油向外渗漏和异物进入箱体内,端盖内装有毛毡密封圈,此圈紧紧套在轴上。端盖内油封结构如图6.12所示。

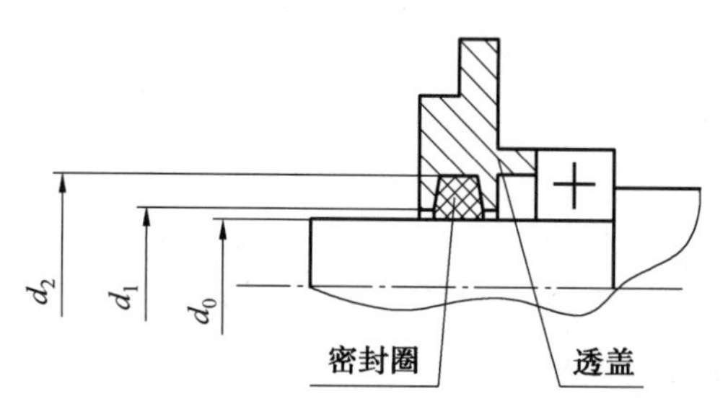

图6.12 端盖内油封结构

③轴套的作用及尺寸。轴套用于齿轮的轴向定位,它是空套在轴上的,因此内孔应大于轴径。齿轮端面 A 必须超出轴肩 B,以确保齿轮与轴套接触,从而保证齿轮轴向位置的固定。轴套的位置如图6.13所示。

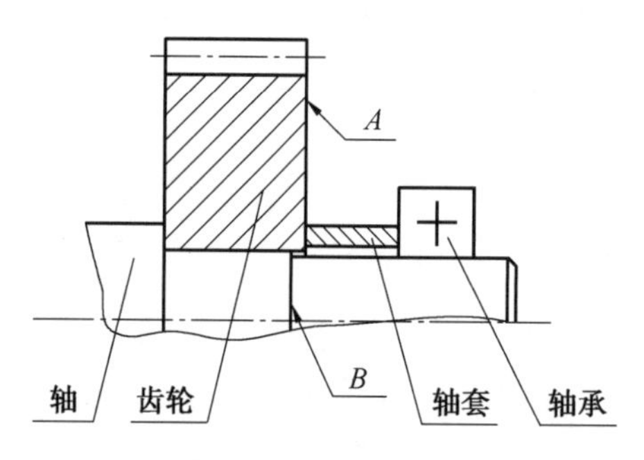

图6.13 轴套的位置

④透气装置。当直齿圆柱齿轮减速器工作时,由于一些零件摩擦而发热,箱体内温度会升高,气体膨胀导致箱体内压力增高。因此在顶部装有通气塞,箱体内的膨胀气体能够通过通气塞的小孔及时排出,从而避免箱体内的压力增高。透气装置如图6.14所示。

(a)

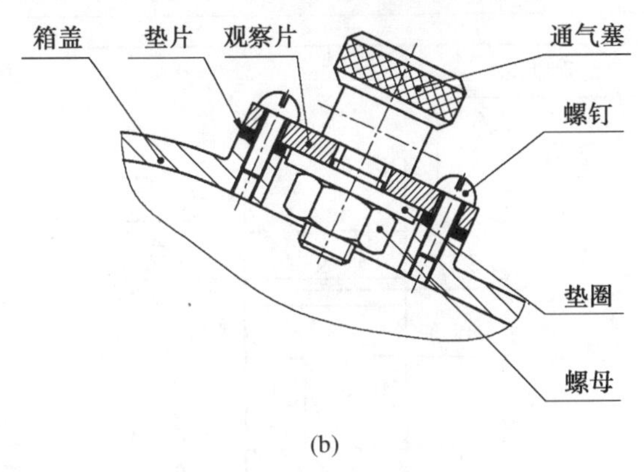

(b)

图6.14 透气装置

⑤螺塞结构的画法。螺塞必须位于箱体最低部,螺塞结构如图6.15所示。

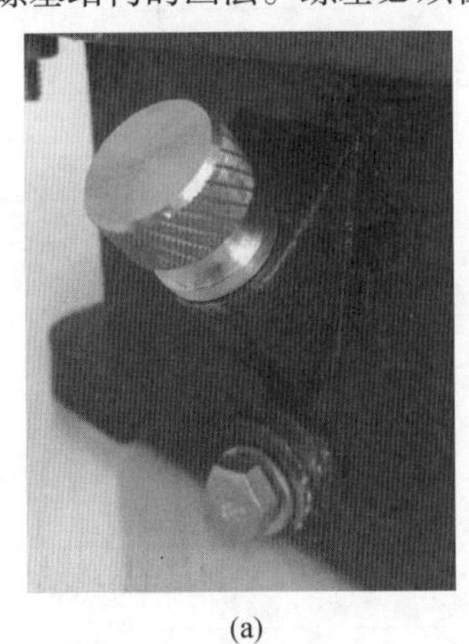

(a)

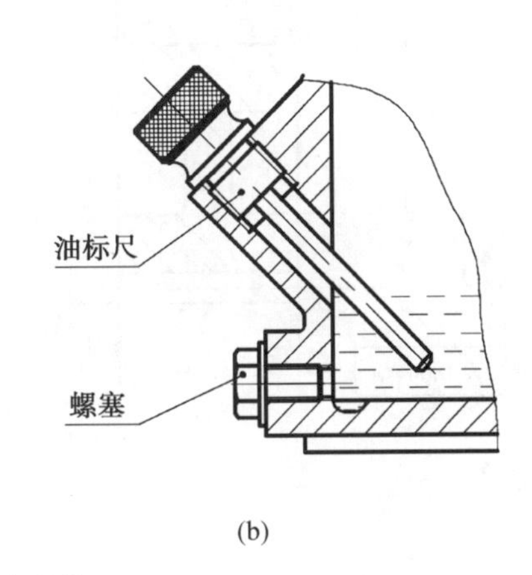

(b)

图6.15 螺塞结构

4. 绘制直齿圆柱齿轮减速器的零件工作图

根据装配图和零件草图绘制零件工作图,由于测绘是在现场进行的,所画的草图不一定很完善,所以在画零件工作图之前,要对草图进行全面审查、校对。对测量所得的尺寸,要参照标准直径、标准长度系列进行贴近、圆整;对于标准结构要素的尺寸,应从有关标准中查对校正,有的问题需重新考虑,如表达方案、尺寸标注等。经过复查、修改后,再进行零件图的绘制工作,绘制零件图时,注意每个零件的表达方法要合适,尺寸应正确、完整、合理,在零件图中,可以采用类比法注写技术要求。最后应按规定要求填写标题栏的各项内容。

画零件工作图的方法步骤如下:

(1)定比例。根据零件的复杂程度和尺寸大小,确定画图比例。

(2)选图幅。根据表达方案及所选定的比例,估计各图形布置所占的面积,对所需标注的尺寸留有余地,选择合理的图幅。

(3)面底稿。先定出各视图的基准线,再画图。

(4)检查、描深。

(5)标注尺寸,注写技术要求,填写标题栏。

下面给出直齿圆柱齿轮减速器的部分零件的零件工作图(图6.16~6.23),作为参考。

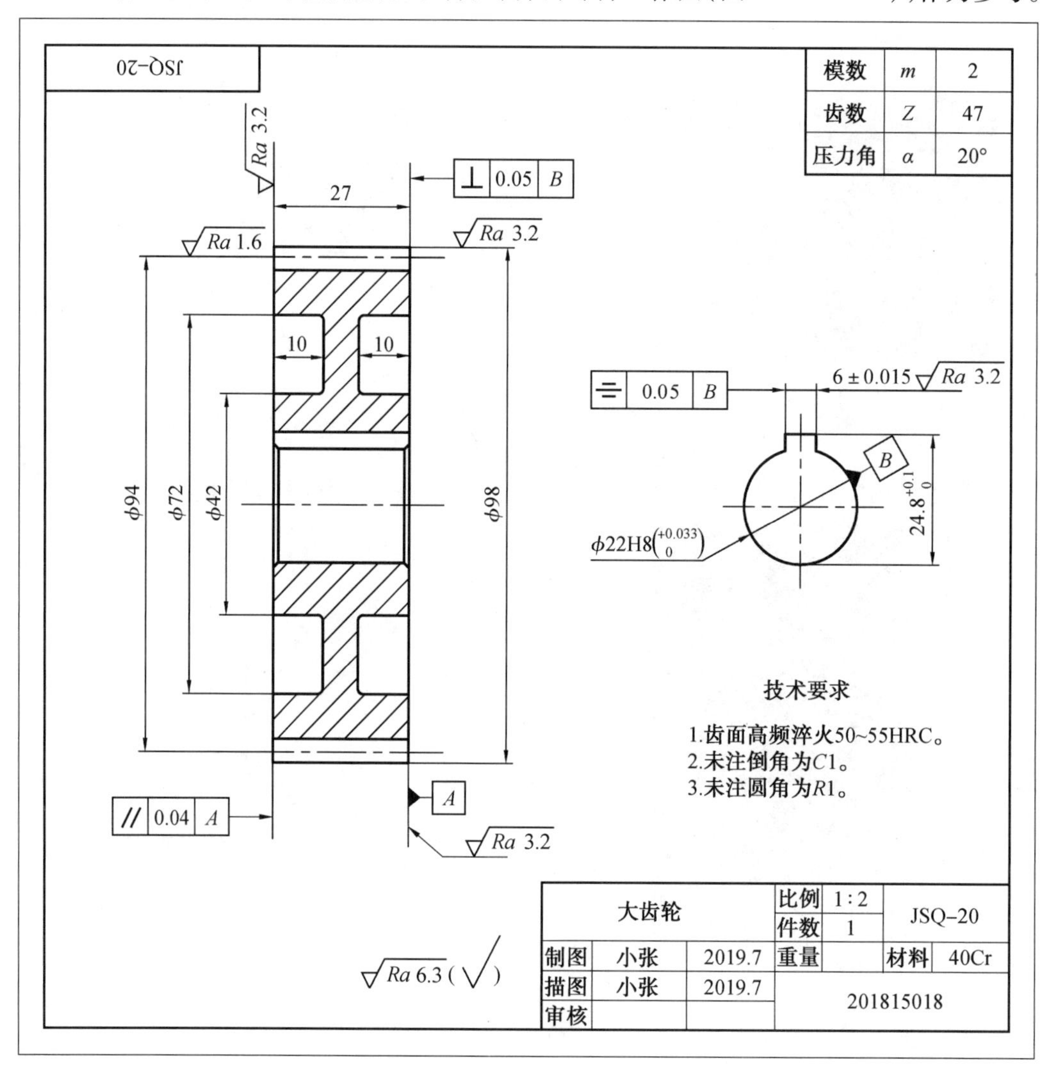

图6.16 大齿轮零件工作图

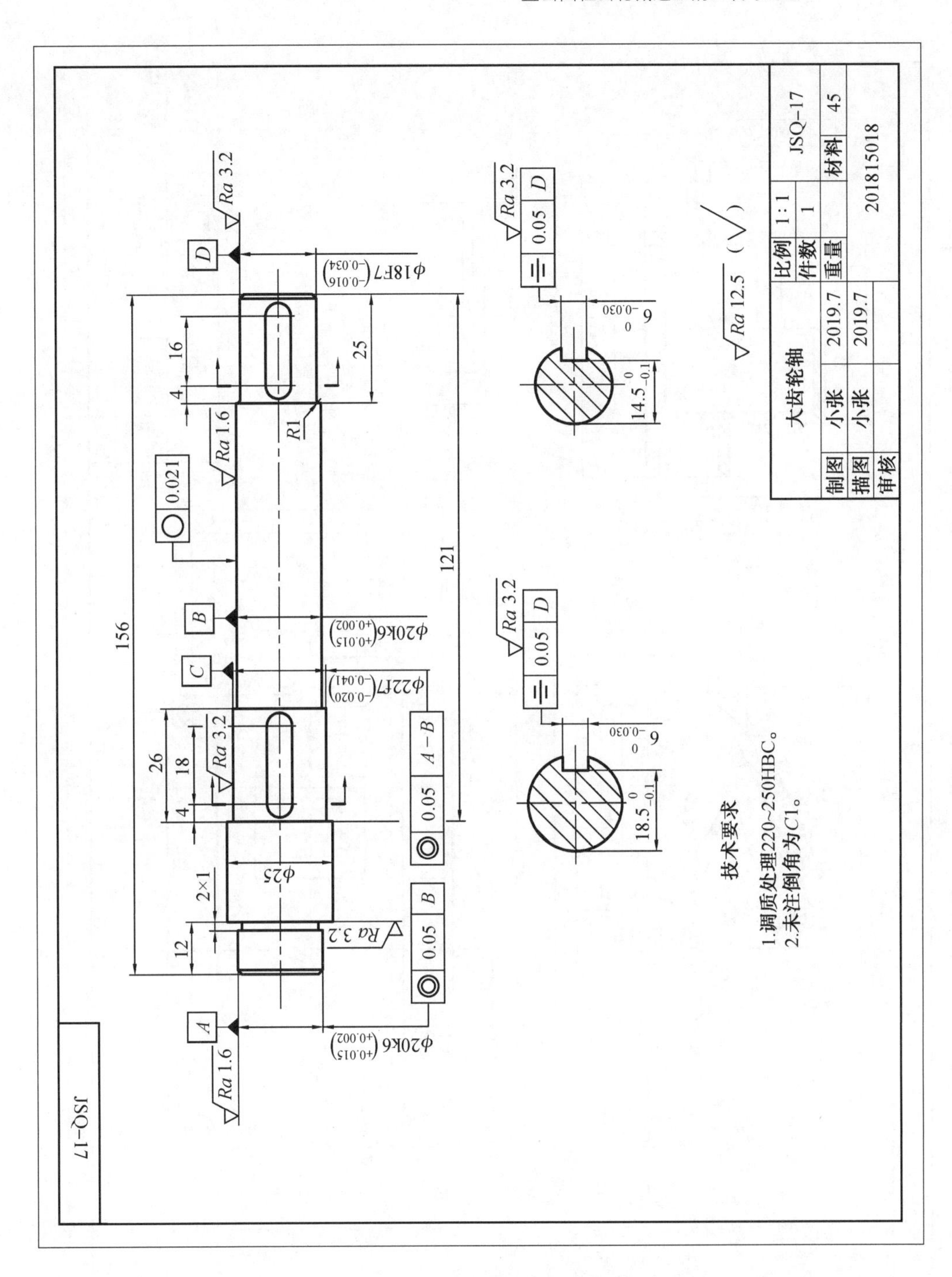

图 6.17 大齿轮轴零件工作图

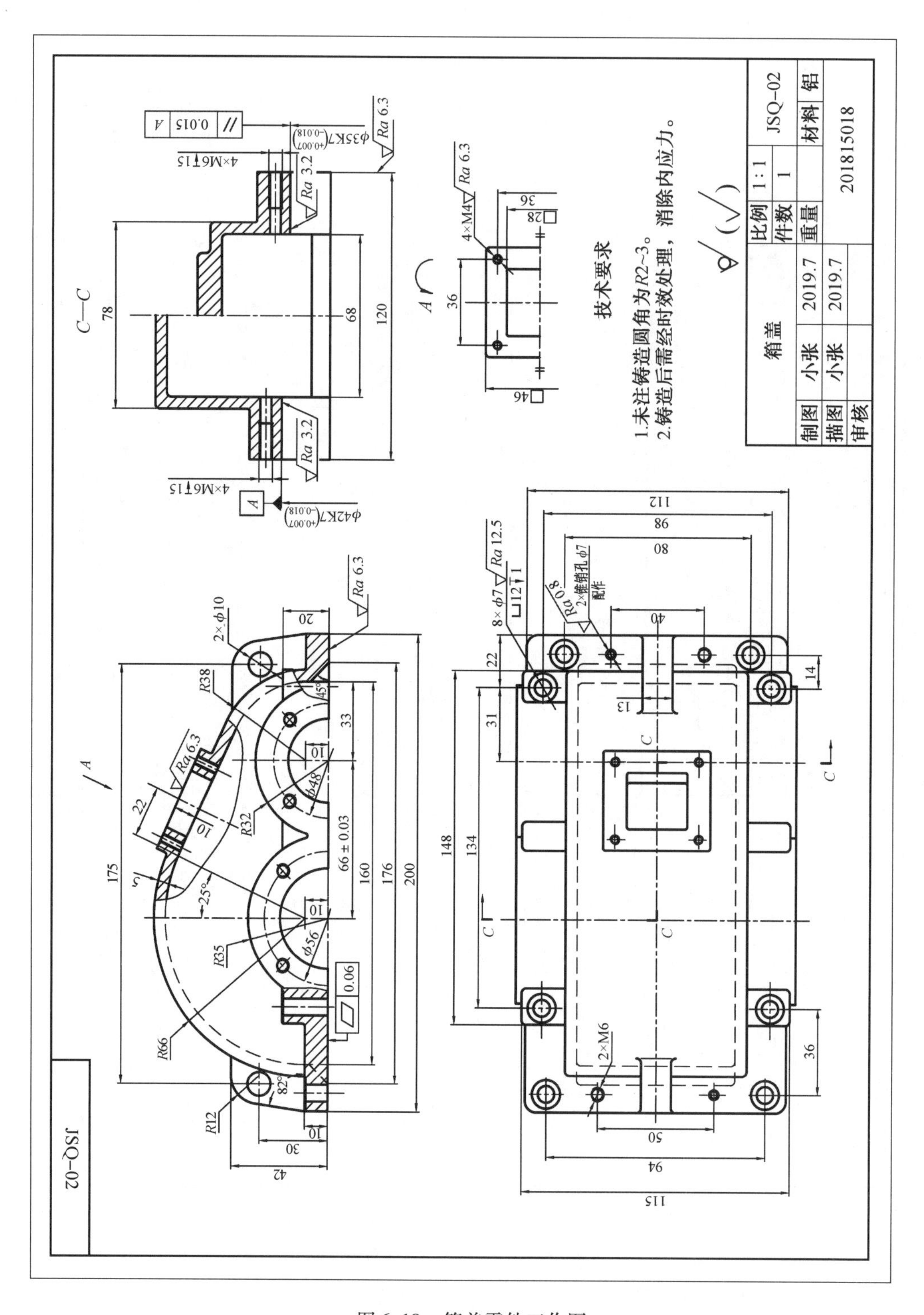

图 6.18 箱盖零件工作图

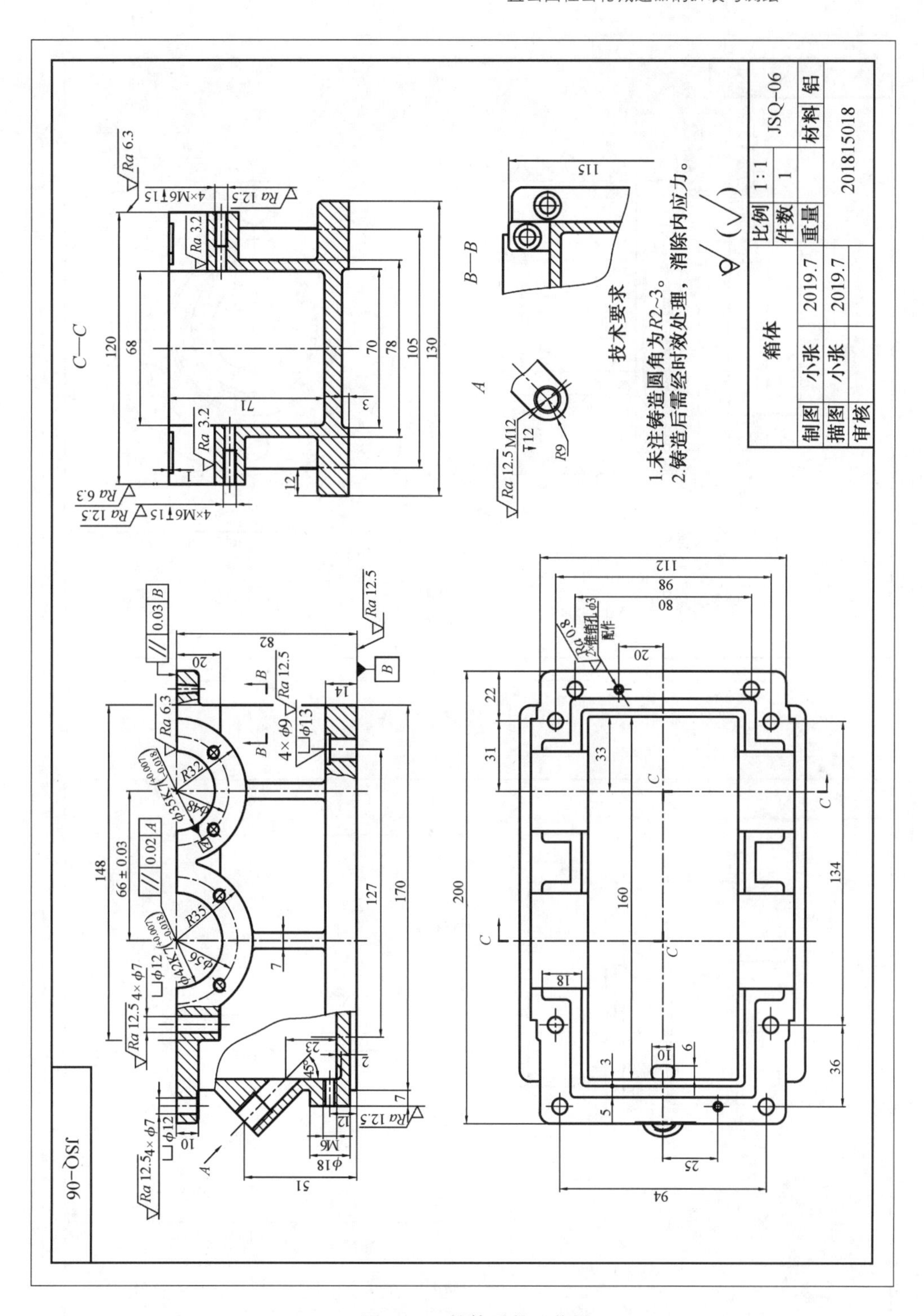

图 6.19　箱体零件工作图

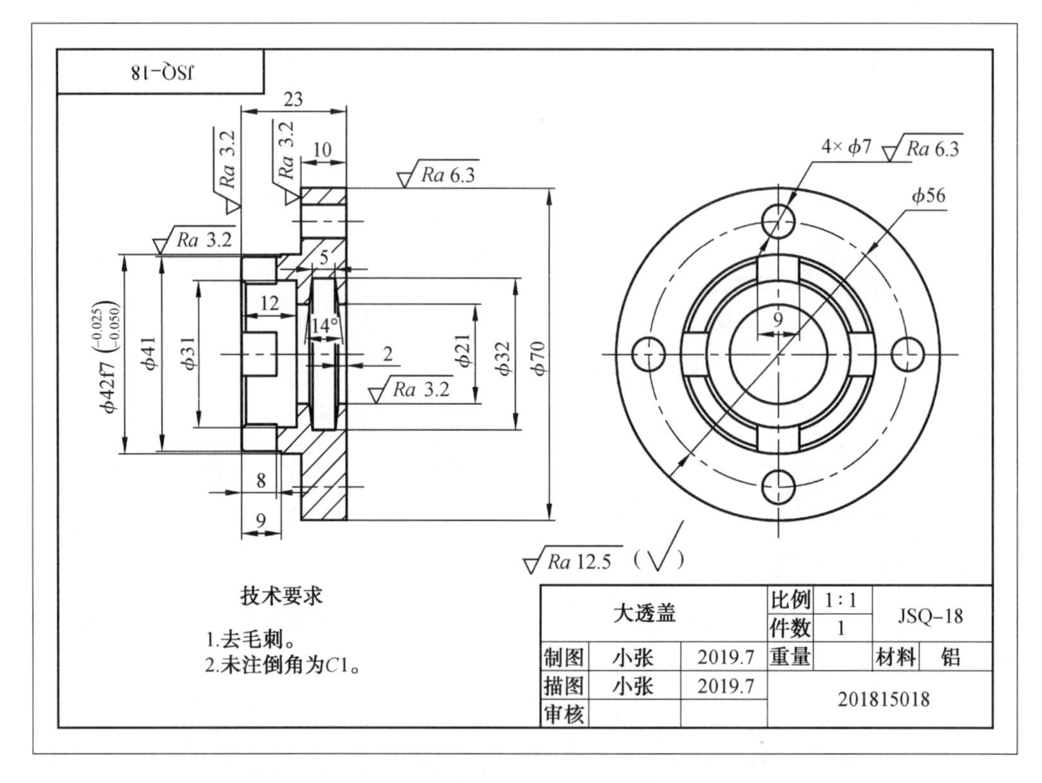

图 6.20　大透盖零件工作图

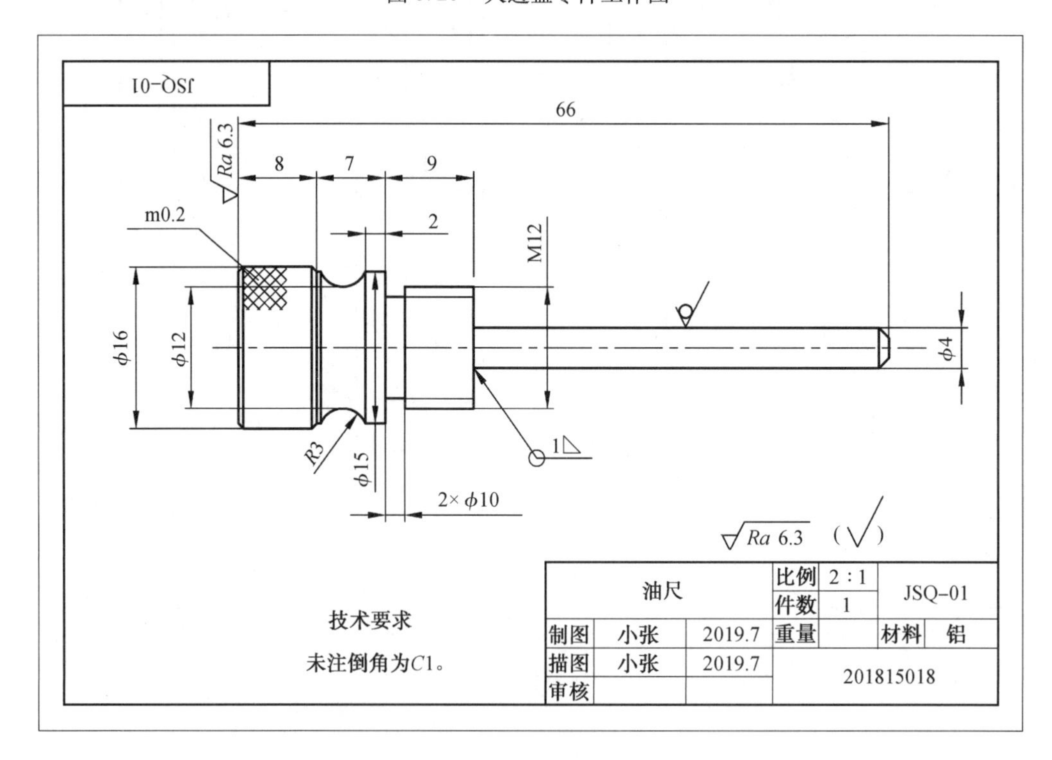

图 6.21　油尺零件工作图

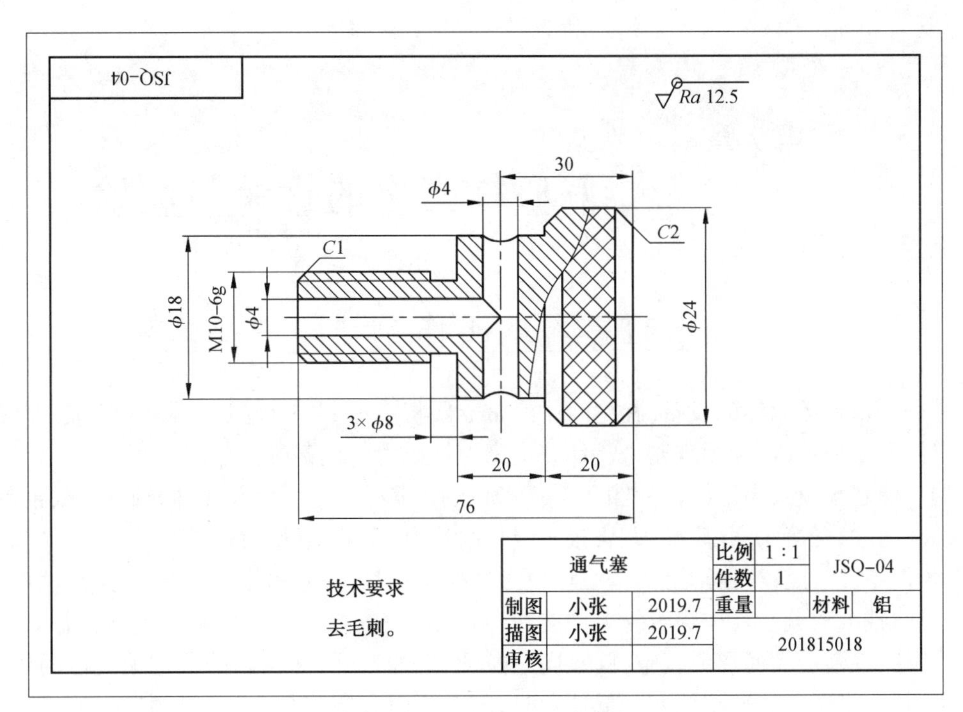

图 6.22　通气塞零件工作图

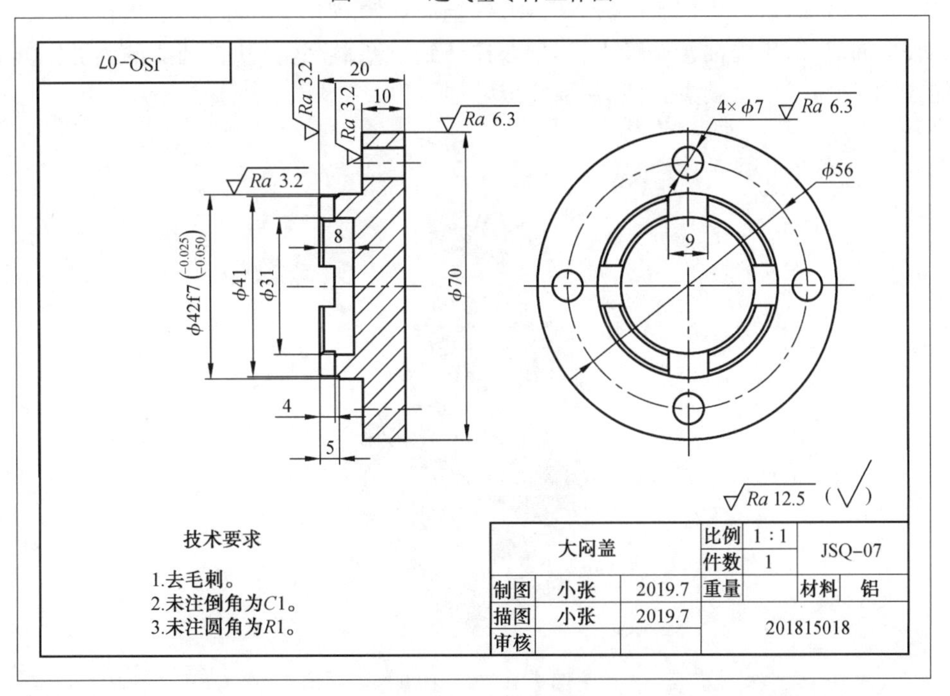

图 6.23　大闷盖零件工作图

5. 图纸折叠

完成以上测绘任务后，对图样进行全面检查和整理。为了便于保存和携带，画好的图纸应按国标 A4 图纸幅面尺寸 210 mm×297 mm 折叠，然后连同草图装订好，一起装入资料袋内。

第 7 章

偏心柱塞泵的拆装与测绘

7.1 偏心柱塞泵的工作原理和主要结构

泵是用来输送流体的设备,在生产中经常需要将流体从一处输送至另一处,或从低压力处输送到高压力处,这种用来输送流体并提高流体压力的设备称为泵。

偏心柱塞泵及其内部结构如图 7.1 ~7.2 所示,偏心柱塞泵由泵体、曲轴、柱塞、泵盖、圆盘、螺栓、垫片、管接头螺母、导管、管接头、垫片、填料、压盖螺母、齿轮、键、螺母、垫圈和填料压盖 18 种零件组成,当曲轴上的偏心柱位于最高位置时,柱塞的位置也最高,进出油口都被封住;当曲轴上的偏心柱按顺时针方向旋转(从正对泵盖方向看),柱塞向左倾斜并下降,圆盘内腔空间逐渐增大而形成真空,圆盘向左摆动,进油口开,油箱内的油在大气压的作用下被吸进内腔;当偏心柱转到柱塞最低位置时,圆盘的内腔空间最大,此时的进出油口都被圆盘封住,完成吸油过程;当偏心柱转到右侧,柱塞向右倾斜并上升时,对油进行挤压,圆盘向右摆动,出油口开,压力油开始输出;当偏心柱转到柱塞最高位置时,圆盘的内腔空间最小,此时的进出油口又都被圆盘封住,从而完成输油过程。

图 7.1　偏心柱塞泵

本偏心柱塞泵的主要结构有:

(1)工作部分即输送流体部分。

工作部分主要由泵体、柱塞、圆盘和曲轴组成。柱塞装入圆盘,再连接曲轴,然后一起装入泵体,当曲轴转动时,带动柱塞左右摆动,同时上下运动,从而改变圆盘内空隙的大小,达到进出油的目的。

(a)

(b)

图7.2 偏心柱塞泵内部结构

(2)防漏装置部分。

由于曲轴的一端伸出泵体外,为了防止泵内流体沿轴孔间隙泄漏,必须有防漏装置,在伸出端用填料塞满曲轴周围的空隙,然后用填料压盖和压盖螺母压紧填料,起到防漏作用。

(3)对外连接部分。

通过管接头和导管连接进出油管,泵体上的三个U形结构用于泵的安装定位。

(4)其他结构。

通过键将齿轮连接到曲轴上,双螺母起到固定及防松的作用。泵盖通过螺钉连接到泵体上。

7.2 偏心柱塞泵的拆装

偏心柱塞泵的拆卸流程如图7.3所示。

(a) 外形图

(b) 拆下管接头螺母、导管和管接头

图7.3 偏心柱塞泵的拆卸流程

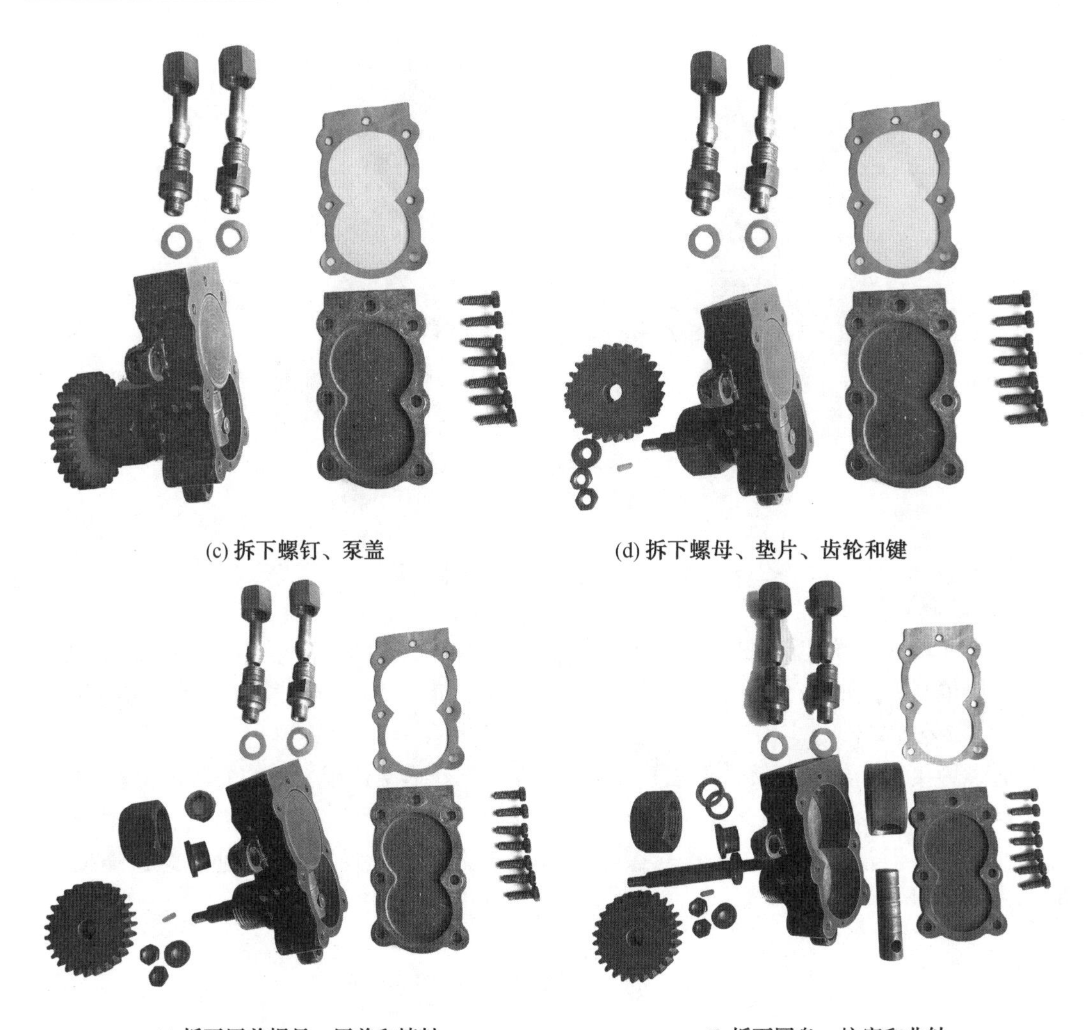

(c) 拆下螺钉、泵盖　(d) 拆下螺母、垫片、齿轮和键

(e) 拆下压盖螺母、压盖和填料　(f) 拆下圆盘、柱塞和曲轴

续图 7.3

1. 拆装偏心柱塞泵的任务要求

(1)了解偏心柱塞泵的工作原理。

(2)熟悉各零件的名称、形状、用途及各零件之间的装配关系。

(3)了解铸造箱体的结构以及曲轴、柱塞和圆盘的结构。

(4)了解曲轴上零件的定位和固定,观察曲轴与柱塞、柱塞与圆盘的安装顺序。

(5)了解泵盖和曲轴密封的原理及其结构。

(6)掌握偏心柱塞泵主要零部件的拆装方法、调整方法和拆装步骤。

2. 拆卸零件的注意事项

(1)实验前认真阅读实验指导书。

(2)注意拆卸顺序,严防破坏性拆卸,以免损坏机器零件或影响精度。

(3)拆卸后将零件按类妥善保管,防止混乱和丢失。

(4)要将所有零件进行编号登记并注写零件名称,每个零件最好挂一个对应的标签。

(5)拆装过程中同学之间要相互配合,轻拿轻放,以防划伤手脚。

(6)对于不可拆的零件,如过渡配合或过盈配合的零件则不要轻易拆下。

3. 拆装思考题

拆装过程中需要清楚下列问题:

(1)泵的动力从哪里来?通过什么传递进来?

(2)柱塞是怎样实现在圆盘内的上下移动的?

(3)圆盘在泵体内是怎样的运动过程?

(4)哪个是进油口,哪个是出油口,与曲轴转向有关系吗?

(5)怎么做到泵盖与泵体的端面密封?

(6)怎么做到曲轴伸出端与泵体的密封?

(7)管接头的作用是什么?

(8)圆盘与泵体是什么配合?

(9)曲轴与柱塞、柱塞与圆盘是什么配合?

(10)泵盖与泵体的连接方式是什么?

(11)进出油管与泵是怎么连接的?

4. 拆装步骤

分组:每5个人一组,拆装一台偏心柱塞泵。

拆装实践过程如下:

(1)观察偏心柱塞泵。

(2)使用工具按顺序拆卸偏心柱塞泵,步骤如下:

①先拆下管接头螺母、导管和管接头。

②拧下螺钉、拆下泵盖和垫片。

③拆下螺母、垫片、齿轮和键。

④拆下压盖螺母、压盖和填料。

⑤旋转曲轴使曲轴上的偏心柱处于最低位,将柱塞和圆盘一起从泵体中拿出拆下,拆下圆盘、柱塞。

⑥拆下曲轴完成偏心柱塞泵的拆卸。

(3)分析各个零件的作用,明确理解拆装思考题。

(4)使用工具按顺序装配偏心柱塞泵,步骤如下:

①先将曲轴装入泵体,旋转曲轴使曲轴上的偏心柱处于最低位。

②将柱塞装入圆盘中,柱塞的圆孔对准偏心柱,将柱塞和圆盘一起装入泵体。

③装上垫片、泵盖,拧上螺钉。

④装上填料,装上压盖,拧上压盖螺母,这里要注意螺母不能拧紧。

⑤装上键、齿轮、垫片,拧上螺母。

⑥装上管接头、导管,拧上管接头螺母,完成偏心柱塞泵的装配。

7.3 偏心柱塞泵的测绘

7.3.1 绘制偏心柱塞泵装的装配示意图

偏心柱塞泵的装配示意图的画图步骤如下:

（1）画出偏心柱塞泵的外轮廓，主要画出泵盖、泵体、压盖螺母、齿轮、螺母、管接头、管接头螺母和导管等外形。主、左两个视图一起画。

（2）拆下管接头螺母、导管和管接头，在左视图上补上管接头螺母、导管和管接头。

（3）拆下右侧螺母、齿轮看到键，拆下压盖螺母，看到压盖、填料，画上键、压盖和填料。

（4）拆下左侧的螺钉、泵盖和垫片，看到圆盘、柱塞和曲轴，在两视图上补画圆盘、柱塞和曲轴。

（5）画上假想线、零件明细表。

（6）给每个零件编号，填写零件明细表，完成装配示意图。

偏心柱塞泵装配示意图的画图过程如图 7.4 所示。

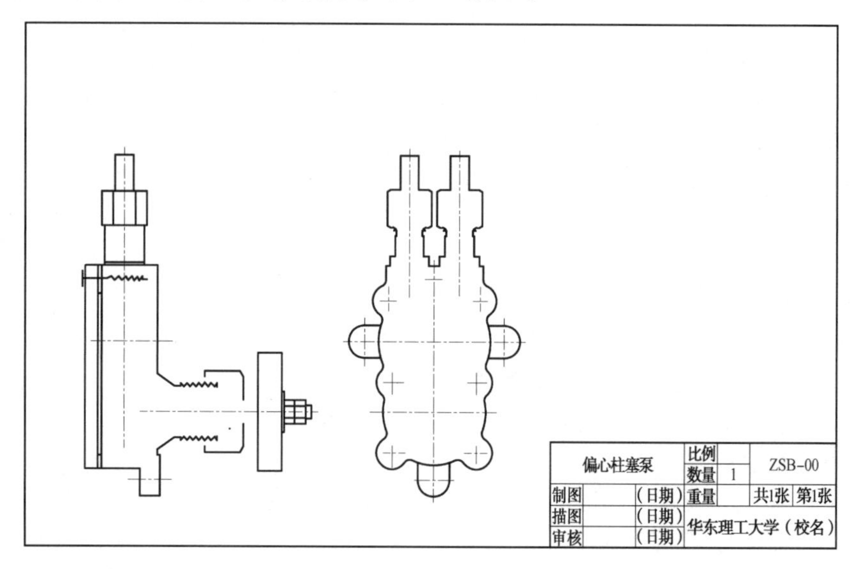

（a）画出偏心柱塞泵的外轮廓，主要画出泵盖、泵体、压盖螺母、齿轮、螺母、管接头、管接头螺母和导管等外形

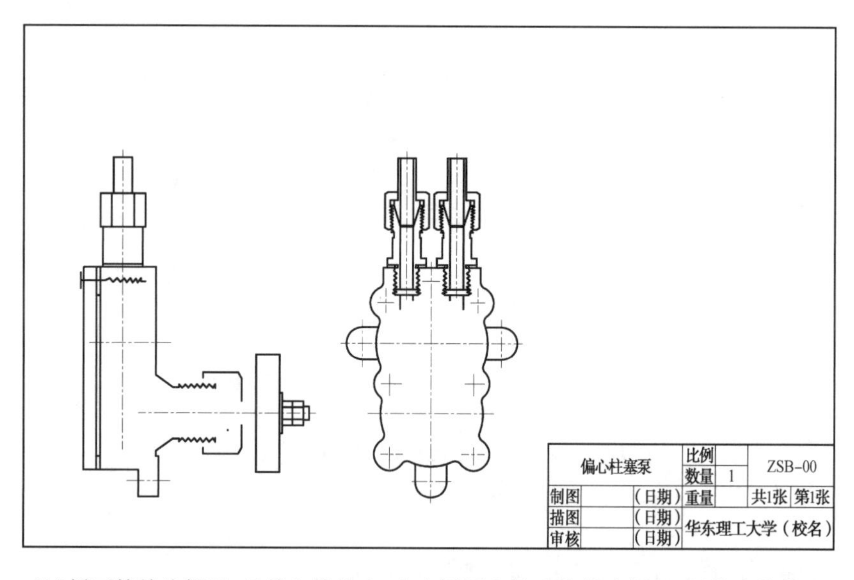

（b）拆下管接头螺母、导管和管接头，在左视图上补上管接头螺母、导管和管接头

图 7.4　偏心柱塞泵装配示意图的画图过程

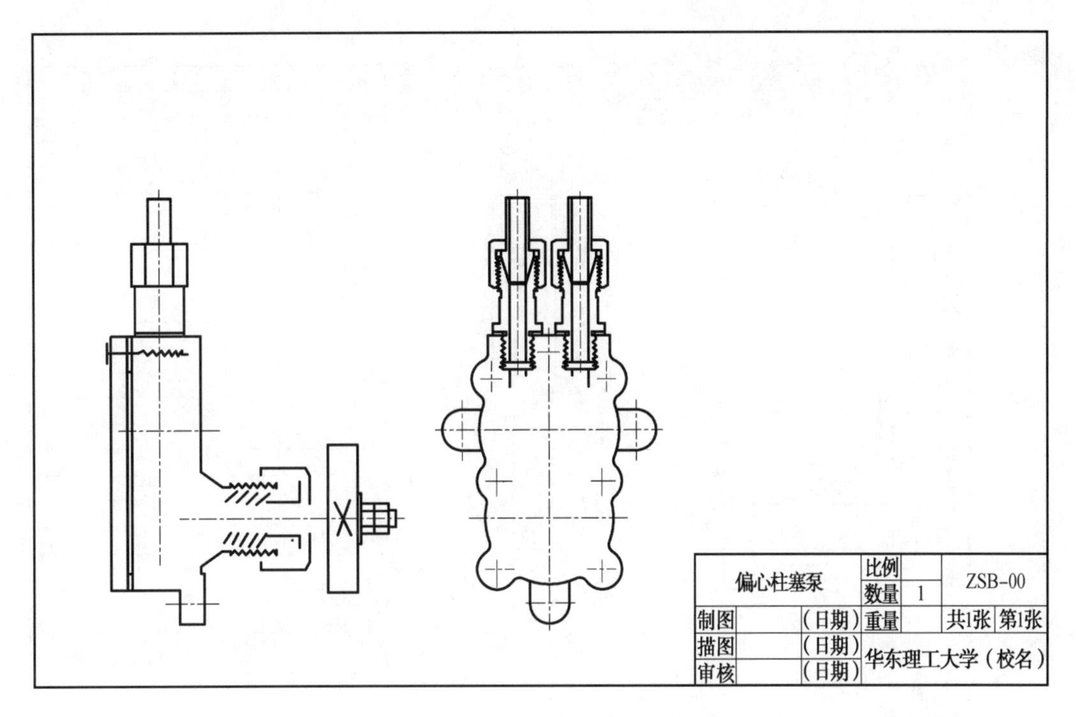

(c)拆下右侧螺母、齿轮看到键,拆下压盖螺母,看到压盖、填料,画上键、压盖和填料

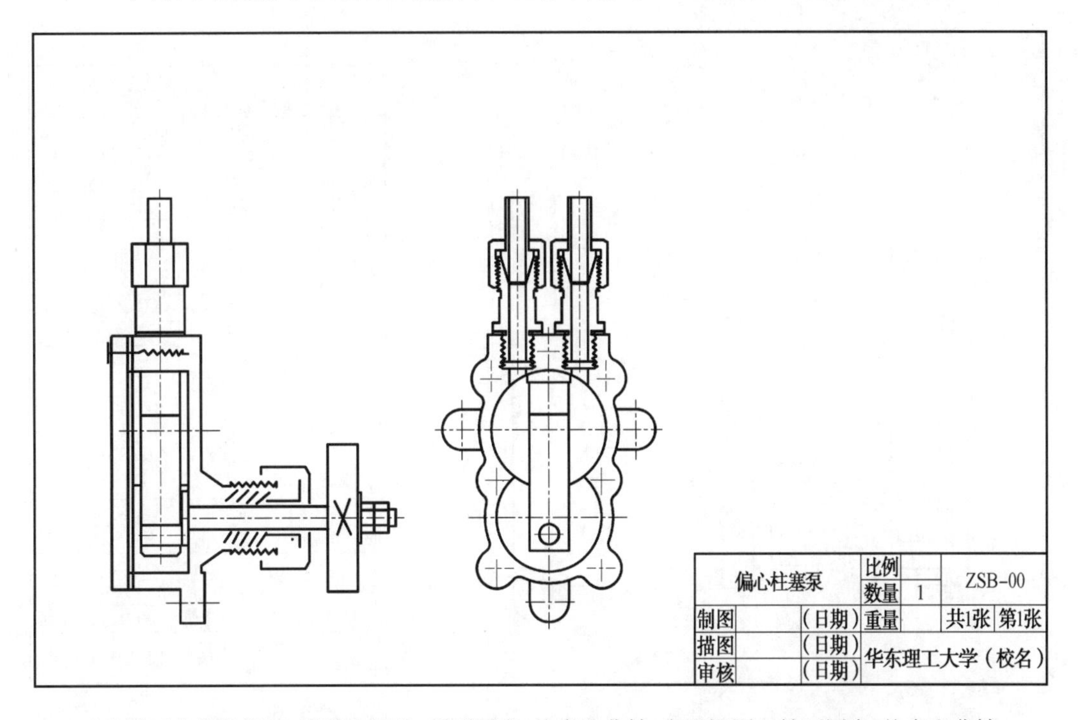

(d)拆下左侧的螺钉、泵盖和垫片,看到圆盘、柱塞和曲轴,在两视图上补画圆盘、柱塞和曲轴

续图 7.4

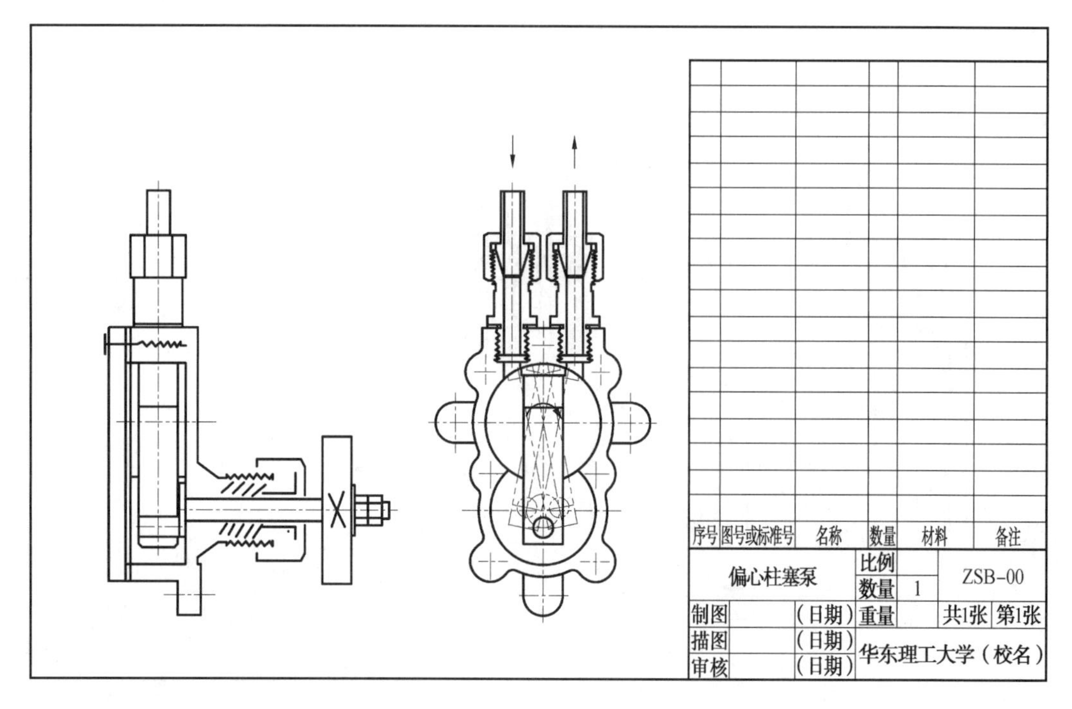

(e)画上假想线、零件明细表

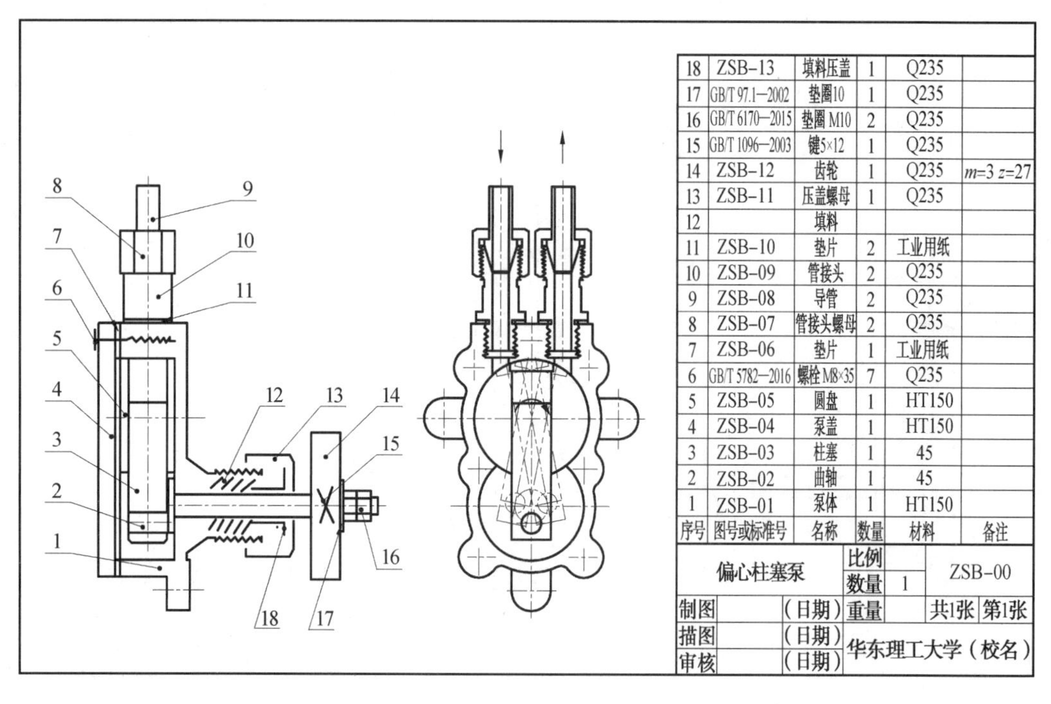

序号	图号或标准号	名称	数量	材料	备注
18	ZSB-13	填料压盖	1	Q235	
17	GB/T 97.1—2002	垫圈10	1	Q235	
16	GB/T 6170—2015	垫圈 M10	2	Q235	
15	GB/T 1096—2003	键5×12	1	Q235	
14	ZSB-12	齿轮	1	Q235	m=3 z=27
13	ZSB-11	压盖螺母	1	Q235	
12		填料			
11	ZSB-10	垫片	2	工业用纸	
10	ZSB-09	管接头	2	Q235	
9	ZSB-08	导管	2	Q235	
8	ZSB-07	管接头螺母	2	Q235	
7	ZSB-06	垫片	1	工业用纸	
6	GB/T 5782—2016	螺栓 M8×35	7	Q235	
5	ZSB-05	圆盘	1	HT150	
4	ZSB-04	泵盖	1	HT150	
3	ZSB-03	柱塞	1	45	
2	ZSB-02	曲轴	1	45	
1	ZSB-01	泵体	1	HT150	

(f)给每个零件编号，填写零件明细表，完成装配示意图

续图 7.4

7.3.2 绘制偏心柱塞泵的零件草图

除标准件外,装配体中的每一个零件都应根据零件的内、外结构特点,选择合适的表达方案,画出零件草图。采用目测的方法徒手绘制零件草图,画草图的步骤与画零件图相同,不同之处在于目测零件各部分的比例关系,不用绘图仪器,徒手画出各视图。为了便于徒手绘图和提高工作效率,草图也可画在方格纸上。

1. 绘制各零件的表达方案草图

(1)泵体。

泵体属于箱体类零件,箱体类零件多数经较多工序制成,各工序的加工位置不尽相同,因而主视图主要按形状特征和工作位置来确定。箱体类零件投影较复杂,常用三个以上的基本视图。且箱体类零件常会出现截交线和相贯线,由于它们是铸件毛坯,所以经常会遇到过渡线,要认真分析。

对于泵体,可以采用全剖的主视图表达泵体的内部结构,采用局部剖的左视图表达泵体内腔的形状及进、出油孔的内部结构,采用 *A* 向局部视图表达泵进出油孔的位置。图7.5所示为泵体草图之视图的画图过程(为了表达清楚,下面的图都采用计算机绘制,实际画图时必须徒手画出,如图6.7和图6.8所示)。

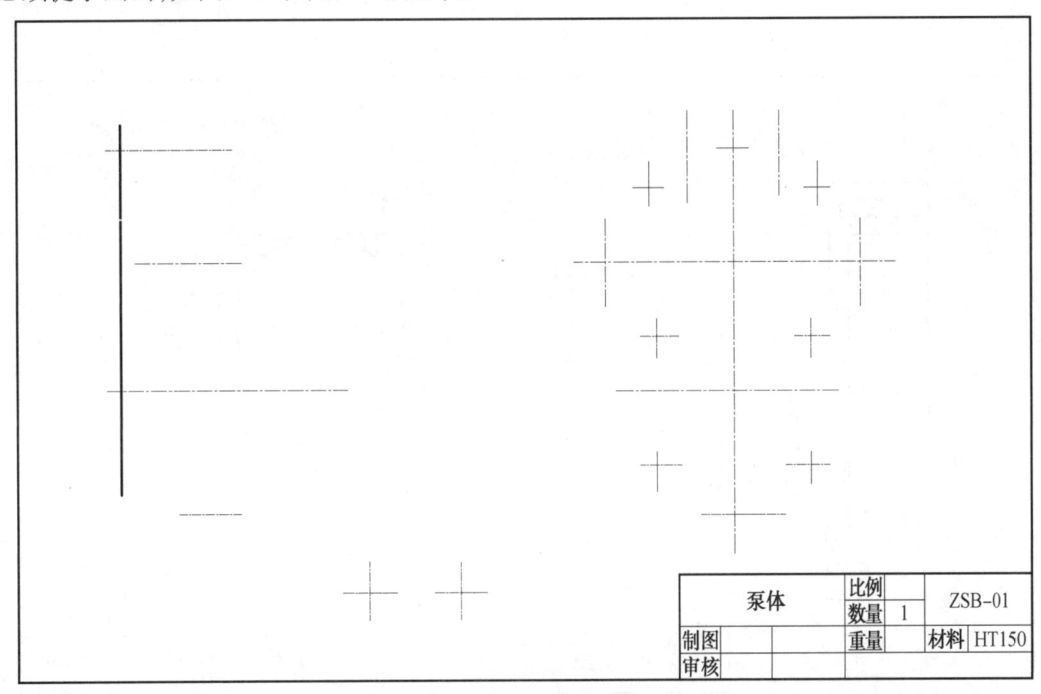

(a)布图,画定位线

图7.5 泵体草图之视图的画图过程

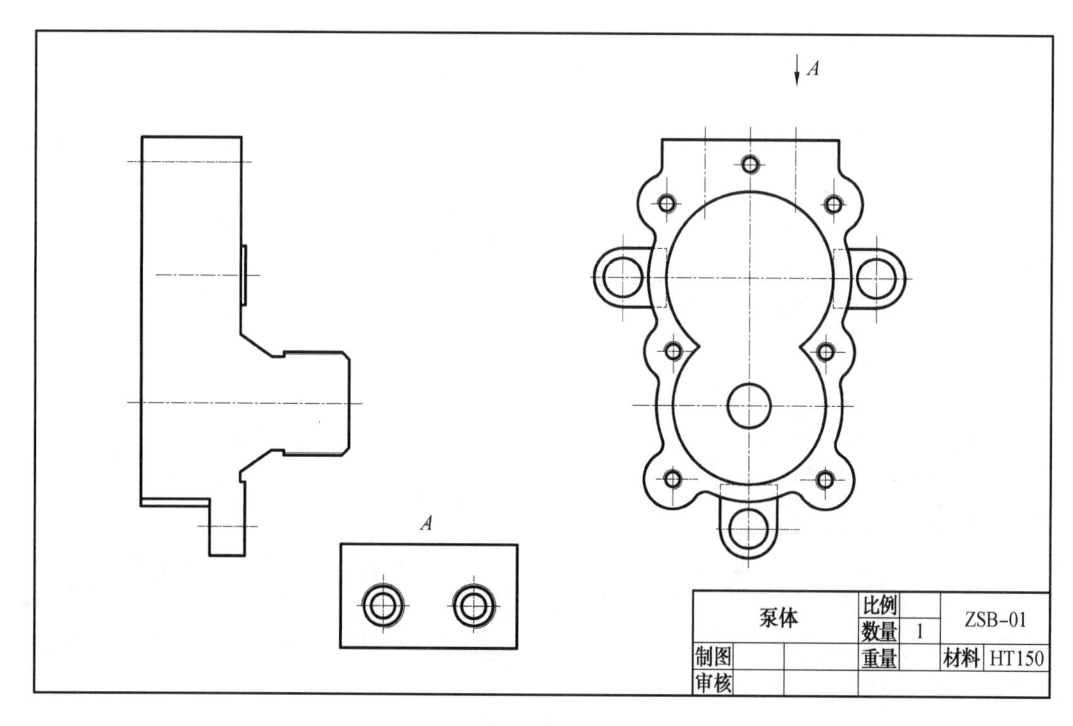

(b)画外形及可见的内形线

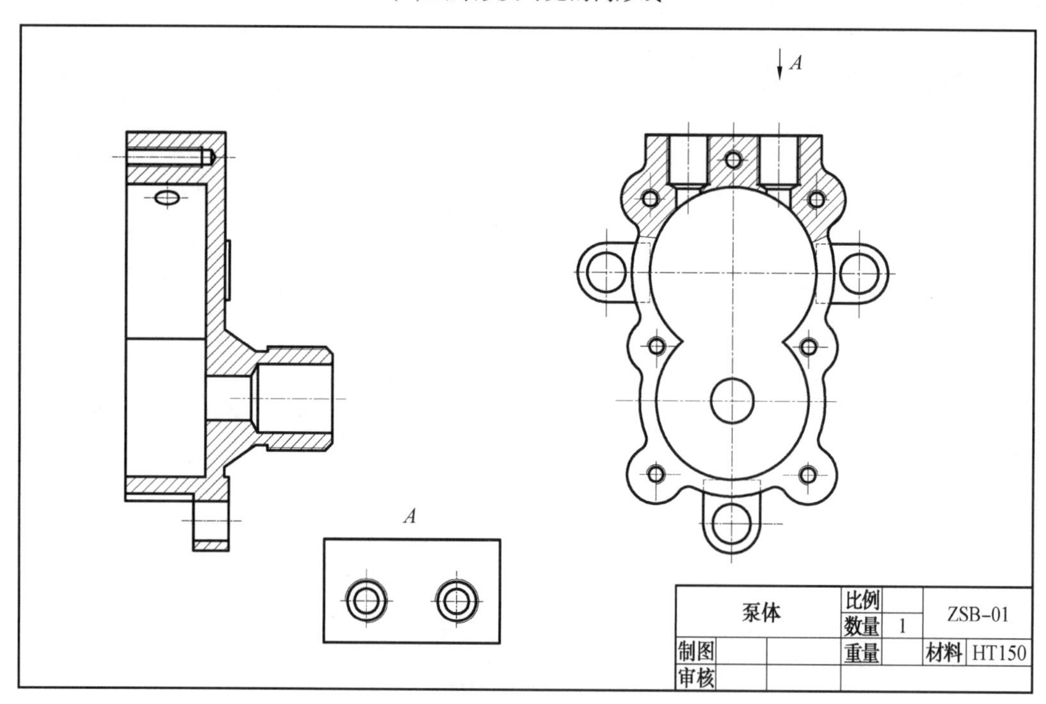

(c)画内形,补上不可见的内形线,画剖面线

续图 7.5

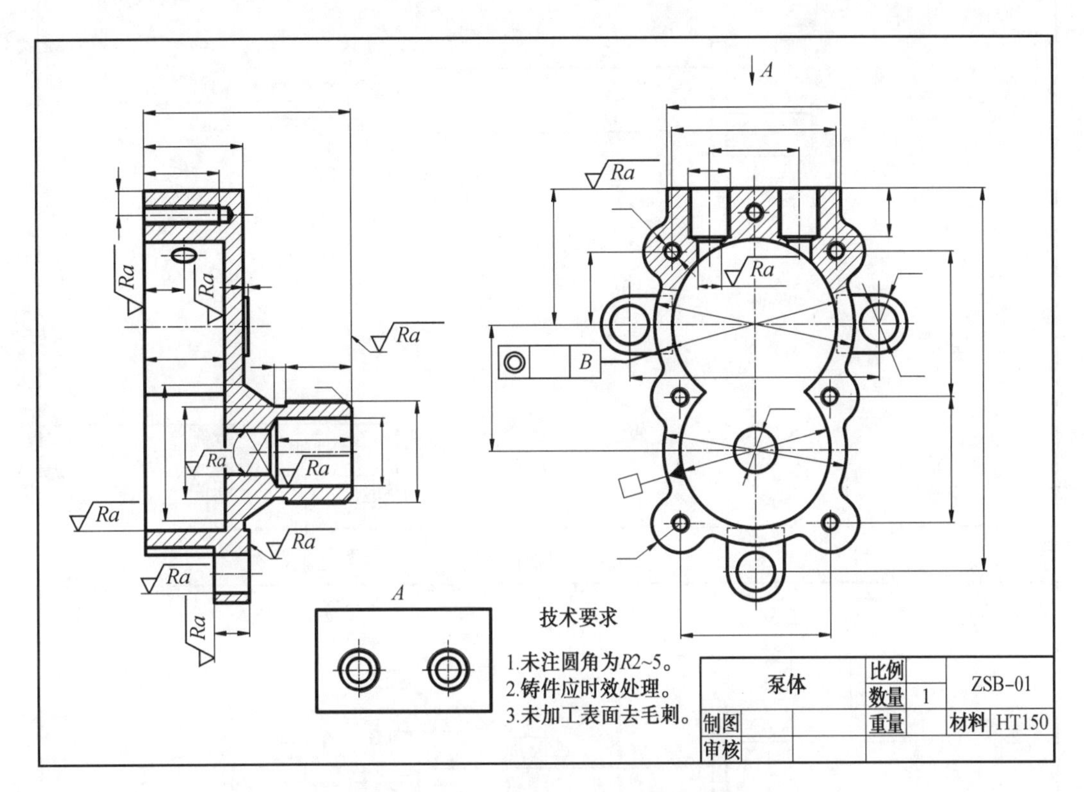

(d)画好尺寸界线、尺寸线，标上粗糙度、几何公差

续图7.5

(2)曲轴。

曲轴属于轴套类零件，轴套类零件一般在车床上加工，所以应按形状特征和加工位置确定主视图，轴线横放，一般大头在左，小头在右，键槽、孔等结构可以朝前。一般只画一个主视图。轴套类零件的其他结构形状，如键槽、退刀槽、越程槽和中心孔可以用剖视图、断面图、局部视图和局部放大图等加以补充。

对于曲轴采用局部剖的主视图表达其主要结构和键槽结构，采用局部视图表达键槽的形状，采用移出断面图表达键槽的深度。曲轴草图之视图的画图过程如图7.6所示。

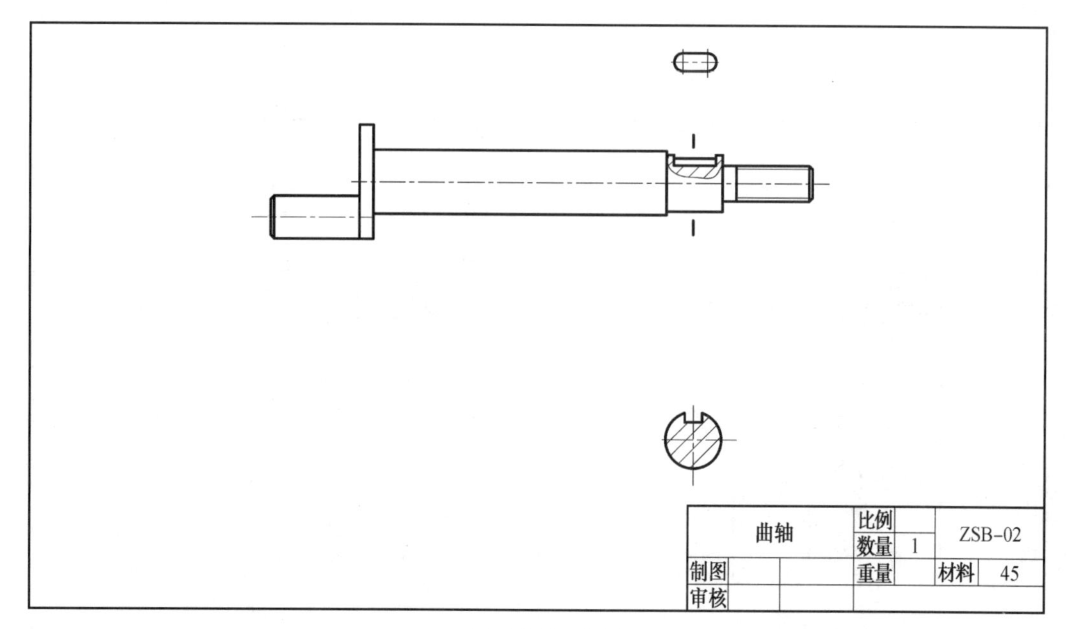

(a) 画好曲轴各视图

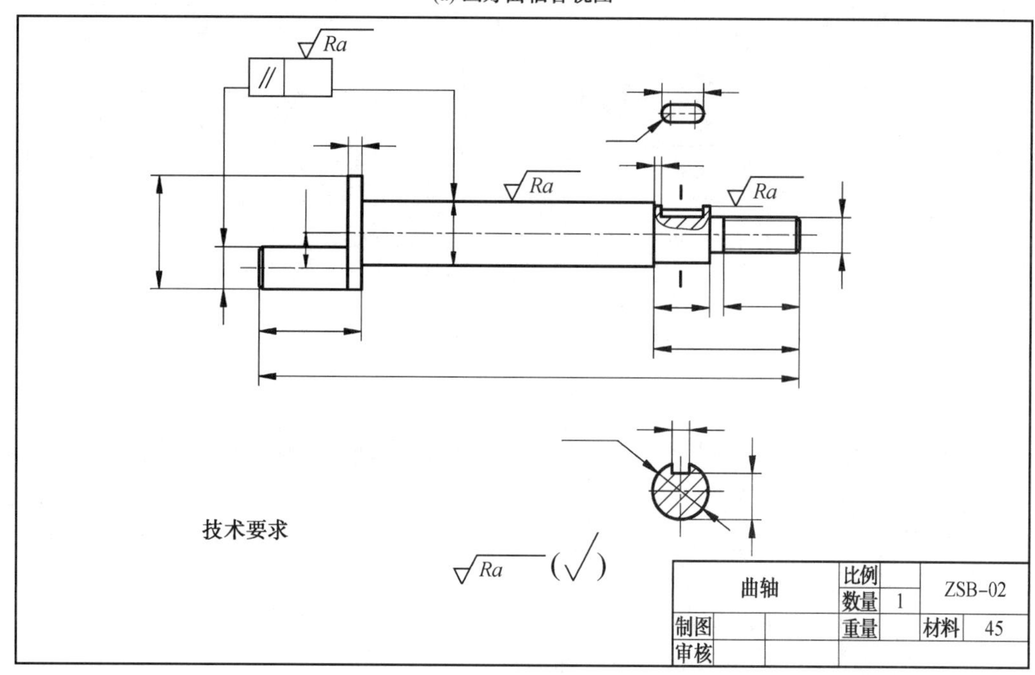

(b) 画好尺寸界线、尺寸线，标上粗糙度、几何公差

图 7.6 曲轴草图之视图的画图过程

(3)柱塞。

柱塞属于轴套类零件,采用一个主视图表达其外形结构,加注通孔两字表达圆孔是打通的,柱塞草图之视图的画图过程如图7.7所示。

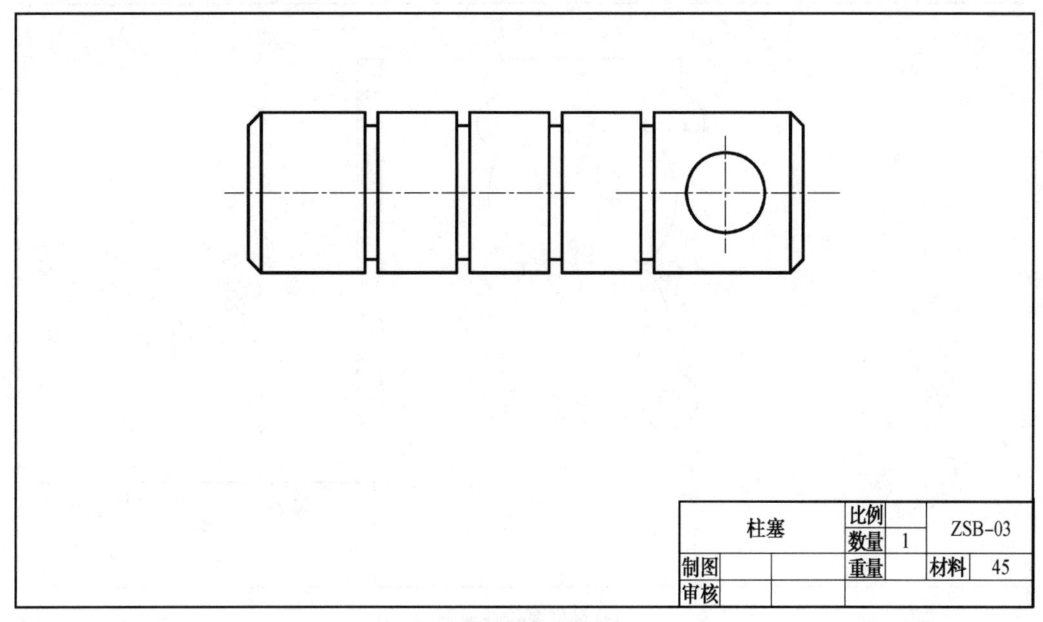

(a) 画好柱塞各视图

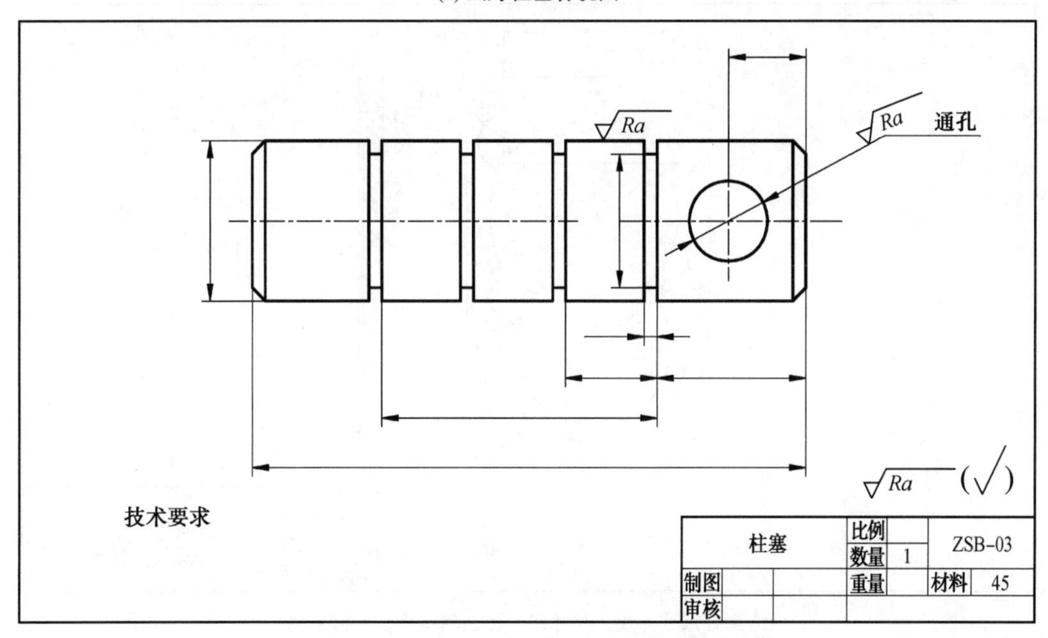

(b) 画好尺寸界线、尺寸线，标上粗糙度、几何公差

图7.7　柱塞草图之视图的画图过程

(4)泵盖。

泵盖属于盘盖类零件,采用主视图表达外部形状。采用全剖的左视图表达其厚度及上孔和前侧外部凹坑情况,泵盖草图之视图的画图过程如图 7.8 所示。

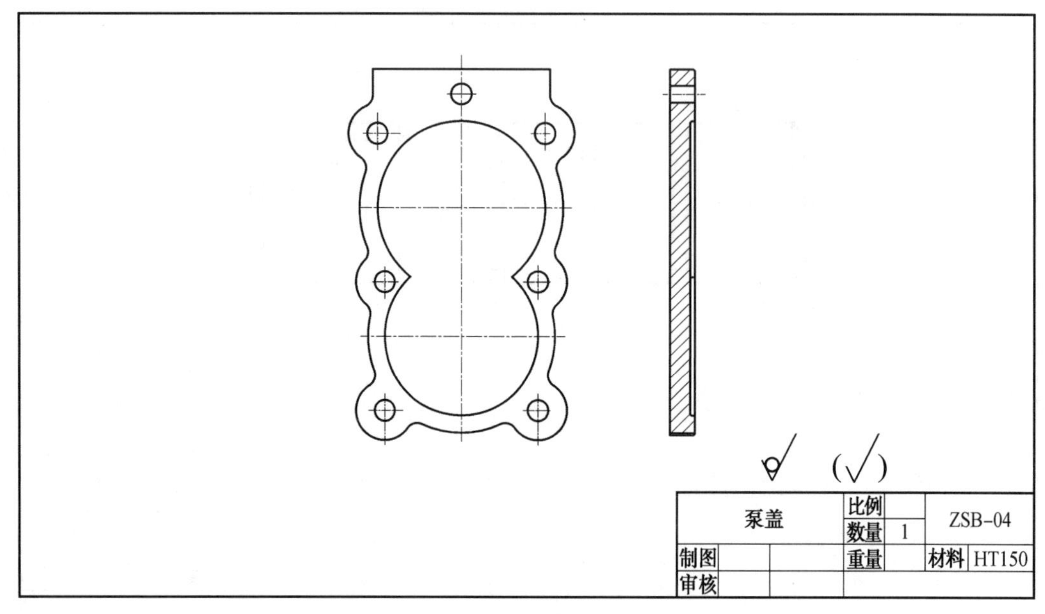

(a) 画好泵盖各视图

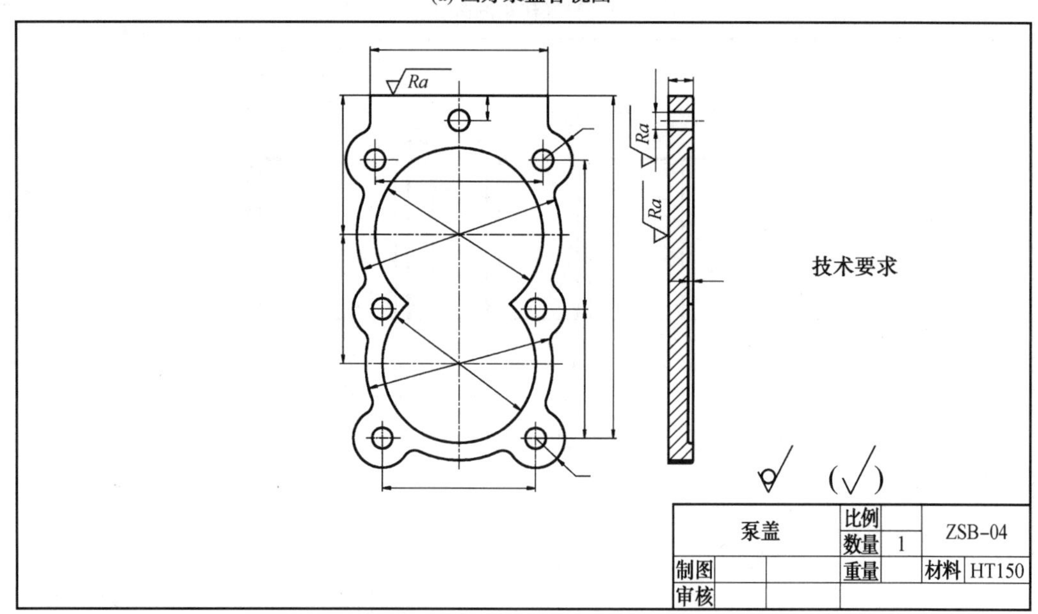

(b) 画好尺寸界线、尺寸线，标上粗糙度、几何公差

图 7.8 泵盖草图之视图的画图过程

(5)圆盘。

圆盘属于轮盘类零件,轮盘类零件主要在车床上加工,所以应按形状特征和加工位置选择主视图,轴线横放,对有些不以车床加工为主的零件可按形状特征和工作位置确定。轮盘类零件一般需要两个主要视图。

圆盘采用全剖的主视图表达其内部结构,采用左视图表达其外部形状,圆盘草图之视图的画图过程如图 7.9 所示。

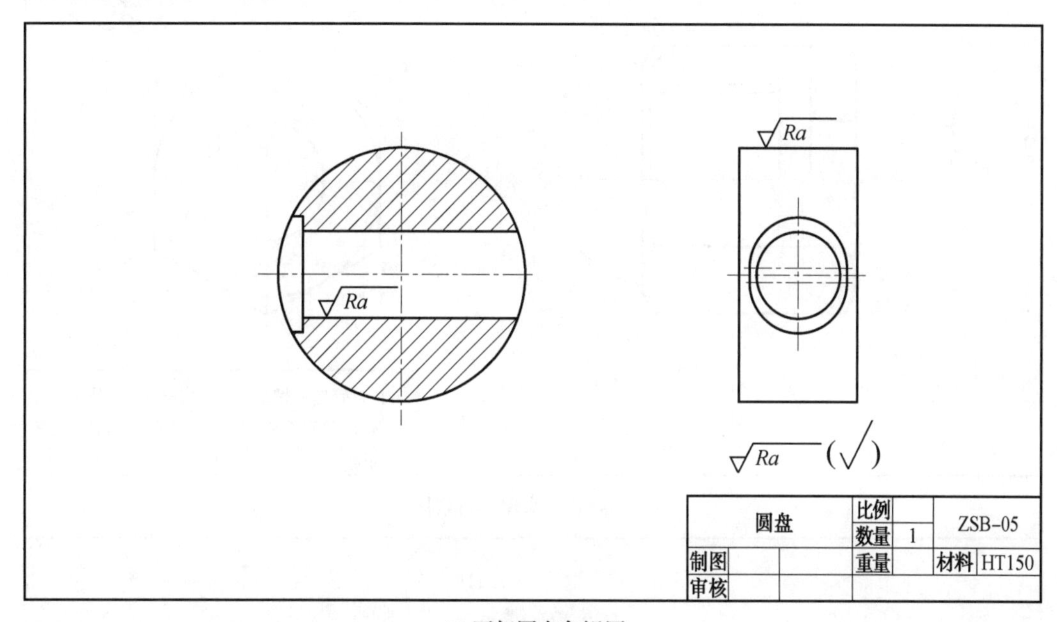

(a) 画好圆盘各视图

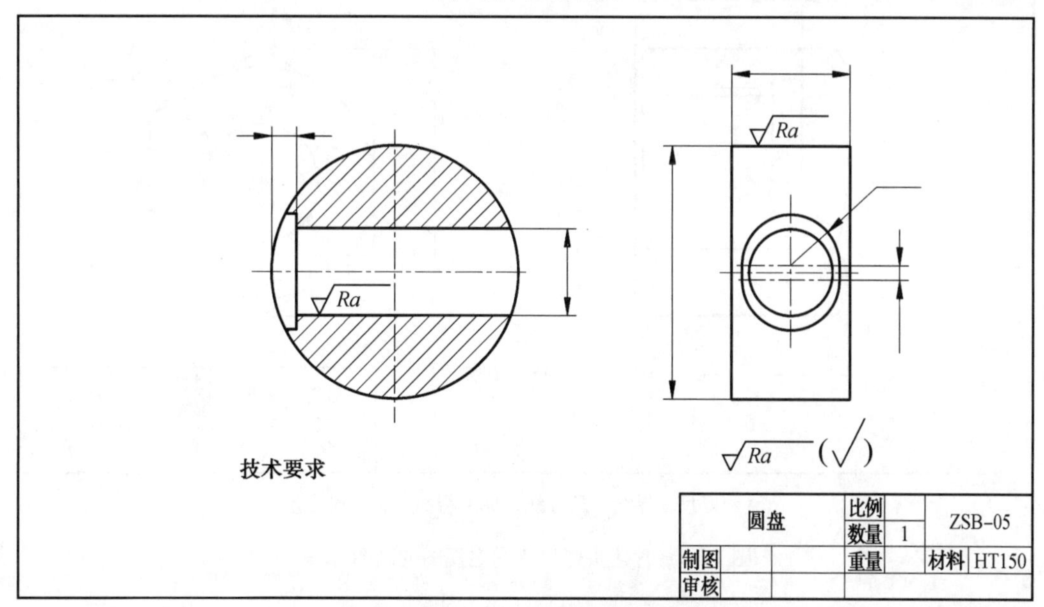

(b) 画好尺寸界线、尺寸线，标上粗糙度、几何公差

图 7.9　圆盘草图之视图的画图过程

(6)管接头螺母。

管接头螺母属于轴套类零件，采用半剖的主视图表达其内形，左视图表达其六棱柱的外形，管接头螺母草图之视图的画图过程如图 7.10 所示。

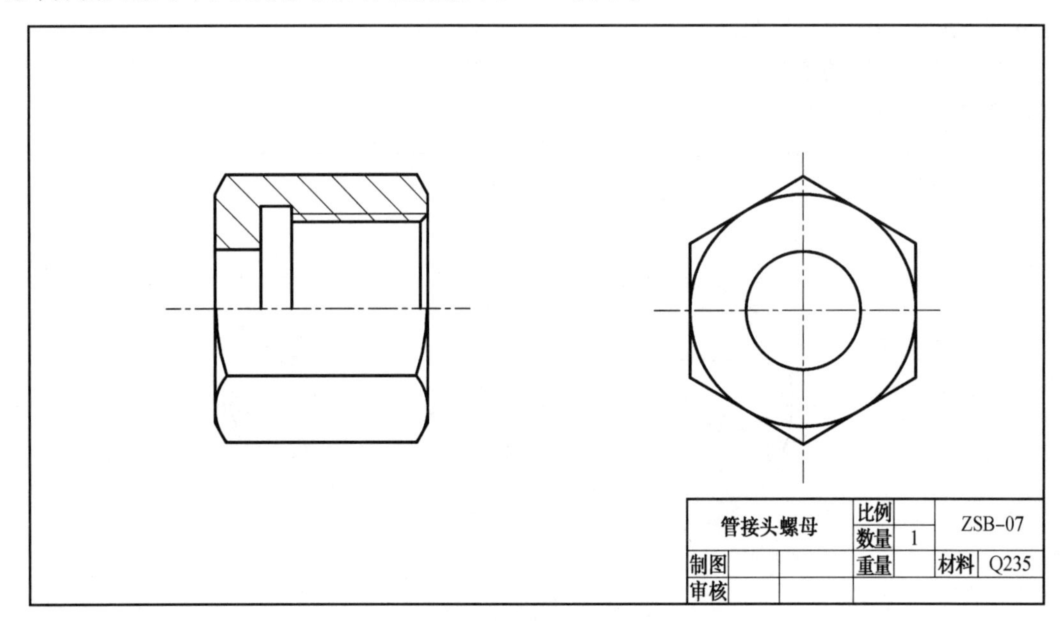

(a) 画好管接头螺母各视图

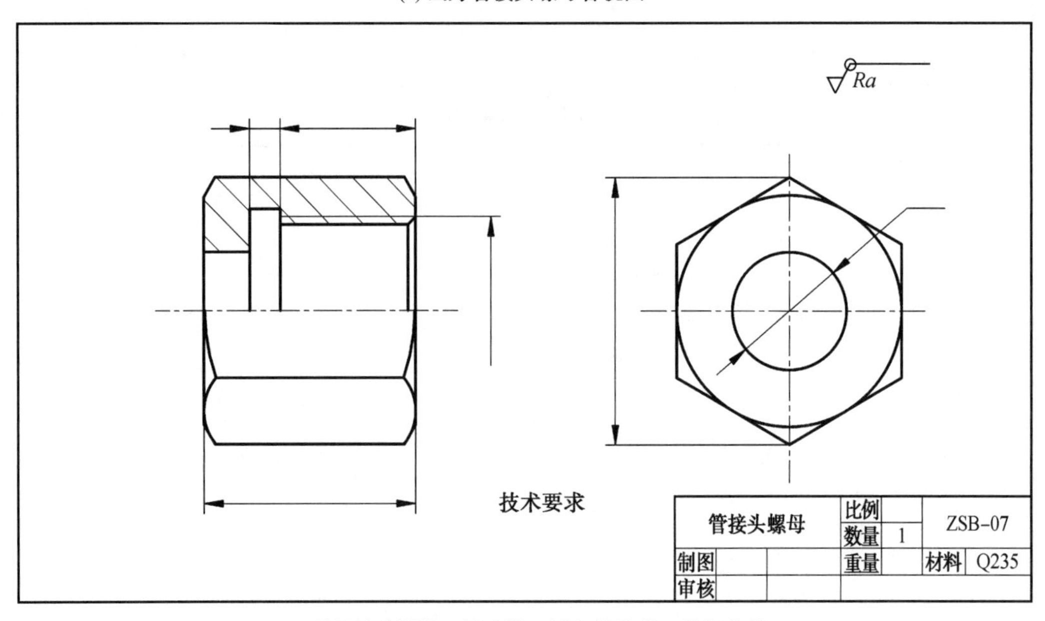

(b) 画好尺寸界线、尺寸线，标上粗糙度、几何公差

图 7.10　管接头螺母草图之视图的画图过程

(7)导管。

导管采用全剖的主视图表达其内外形,导管草图之视图的画图过程如图7.11所示。

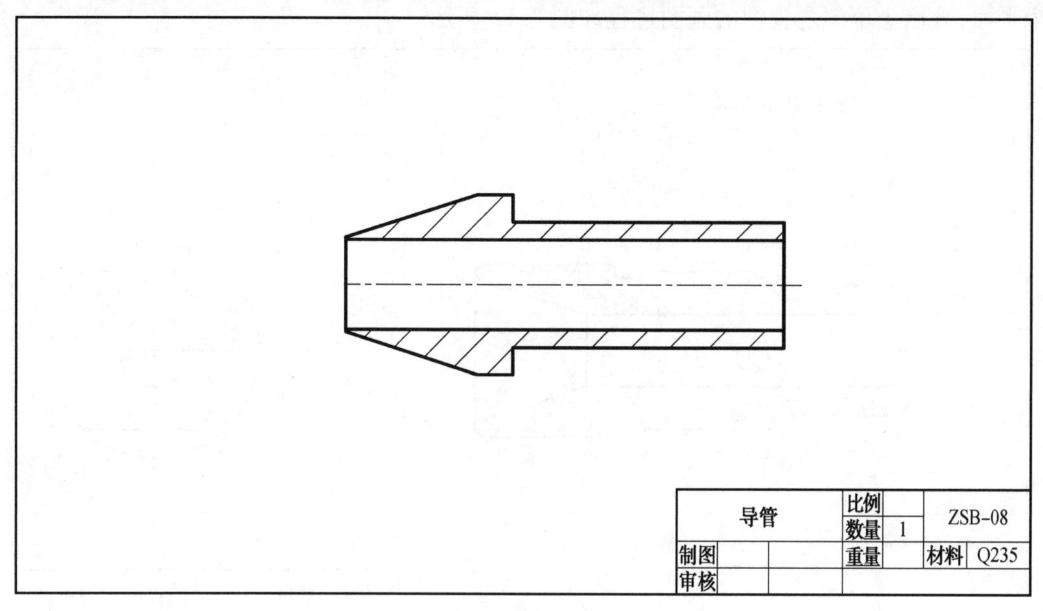

(a) 画好导管各视图

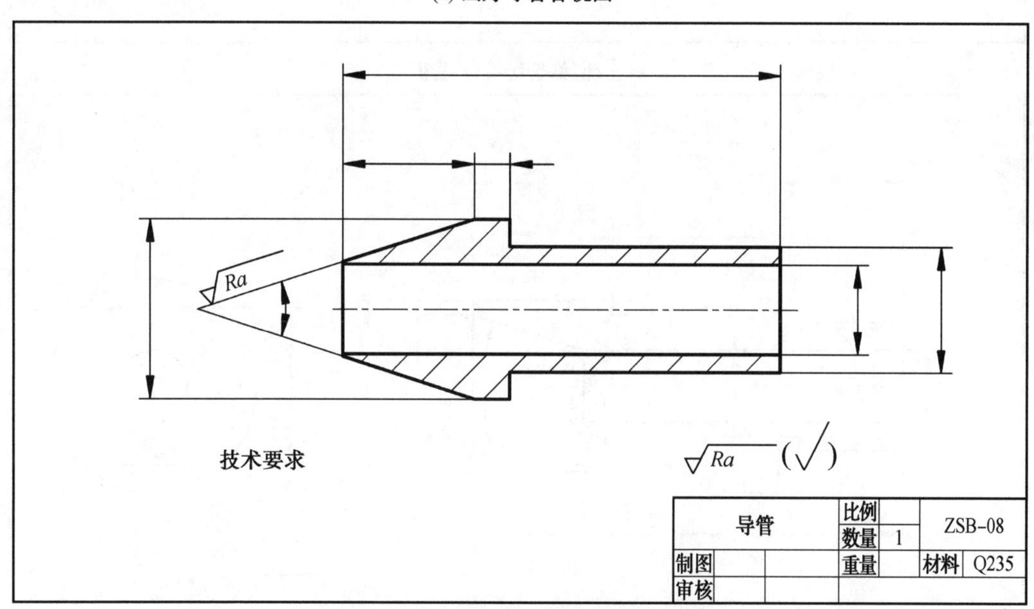

(b) 画好尺寸界线、尺寸线，标上粗糙度、几何公差

图7.11 导管草图之视图的画图过程

（8）管接头。

管接头属于轴套类零件，采用全剖的主视图表达其内形，*A*—*A* 全剖视图表达其上、下两个平面，管接头草图之视图的画图过程如图 7.12 所示。

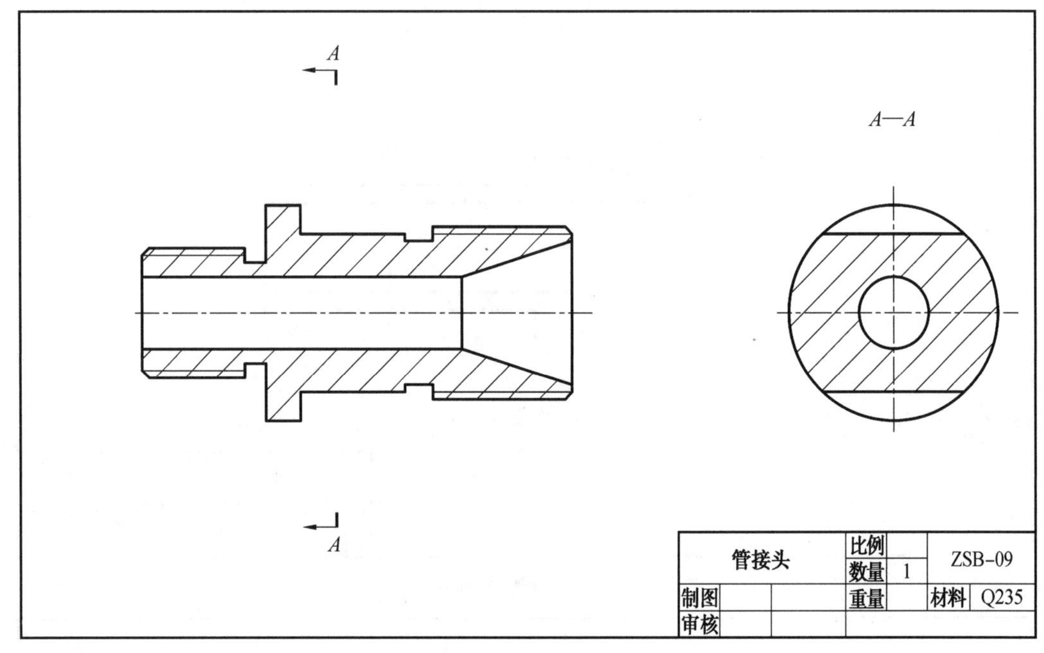

(a) 画好管接头各视图

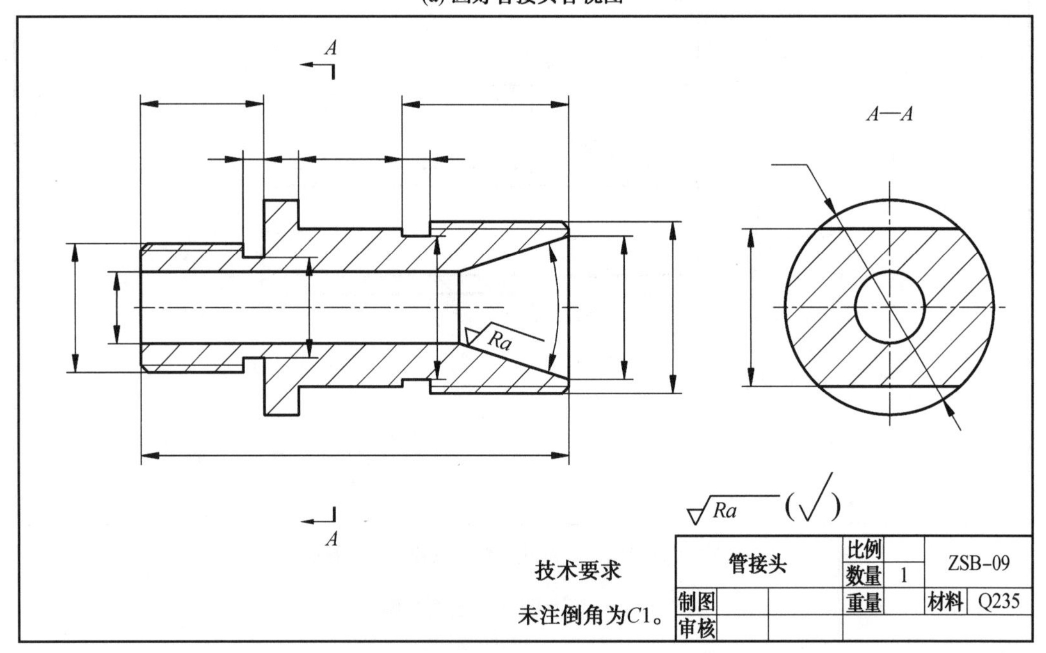

(b) 画好尺寸界线、尺寸线，标上粗糙度、几何公差

图 7.12　管接头草图之视图的画图过程

(9)压盖螺母。

压盖螺母属于轴套类零件,采用半剖的主视图表达其内形,左视图表达其六棱柱的外形,压盖螺母草图之视图的画图过程如图 7.13 所示。

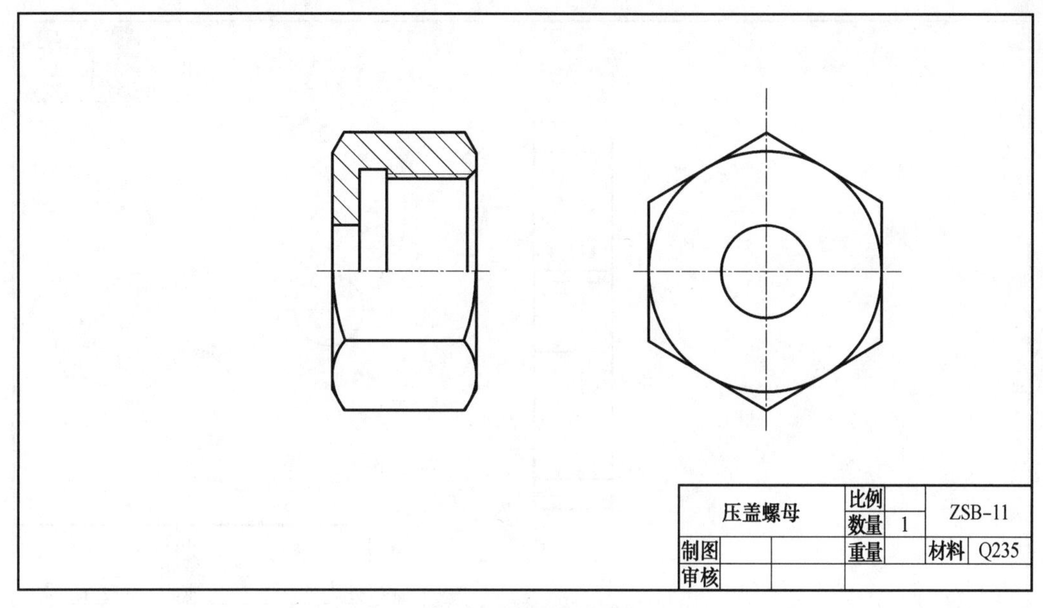

(a) 画好压盖螺母各视图

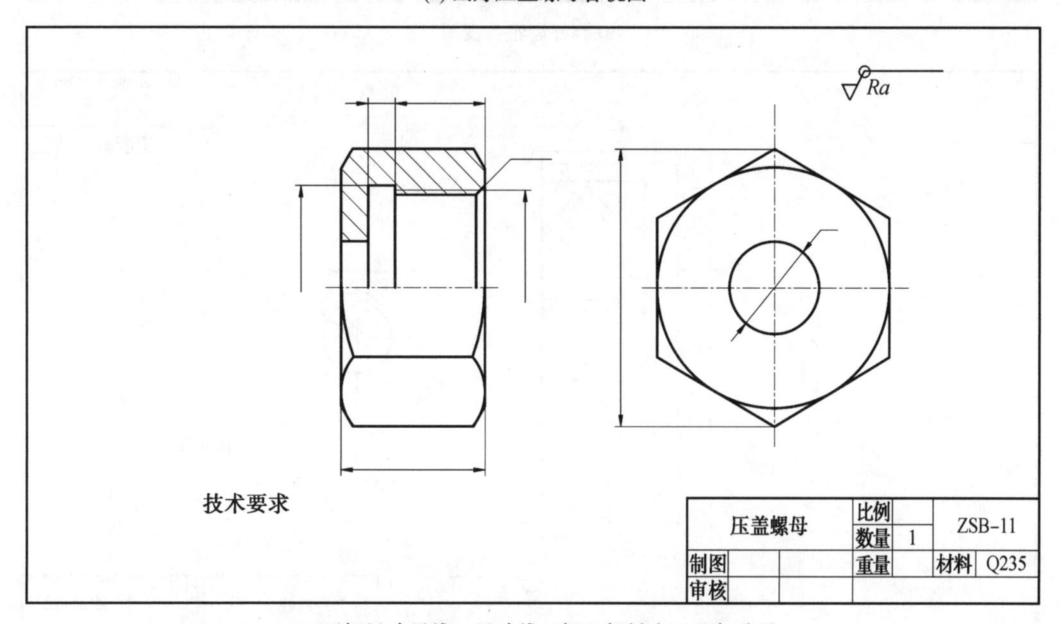

(b) 画好尺寸界线、尺寸线，标上粗糙度、几何公差

图 7.13　压盖螺母草图之视图的画图过程

(10)齿轮。

齿轮属于盘盖类零件,采用全剖的主视图表达内部形状。采用局部视图表达其键槽的情况,齿轮草图之视图的画图过程如图 7.14 所示。

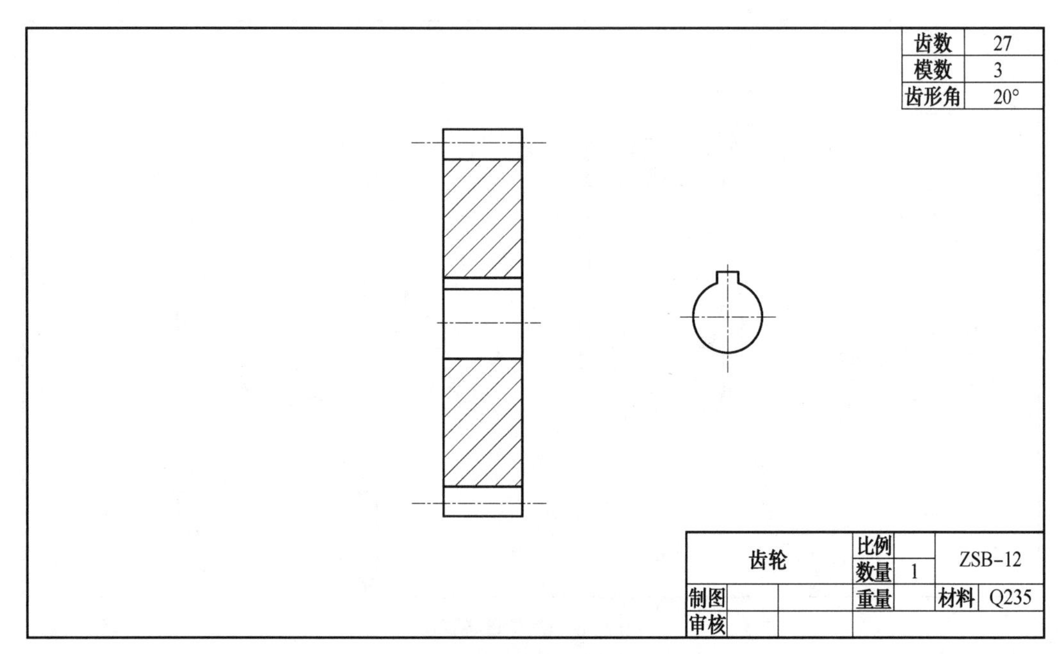

(a) 画好齿轮各视图

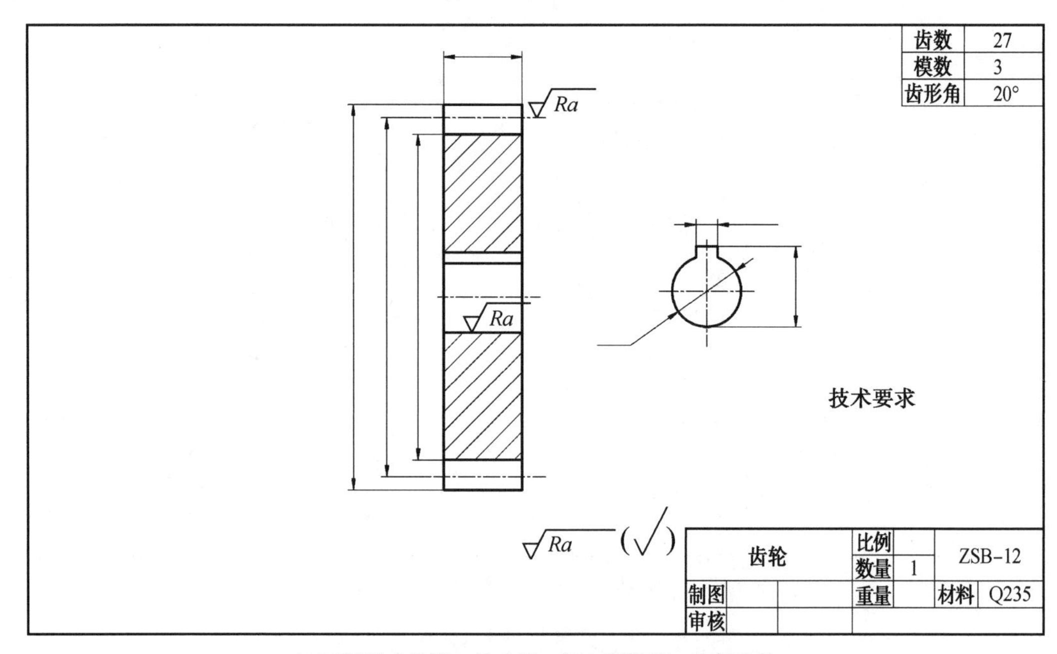

(b) 画好尺寸界线、尺寸线，标上粗糙度、几何公差

图 7.14　齿轮草图之视图的画图过程

(11)填料压盖。

填料压盖属于轮盘类零件,采用全剖的主视图表达其内、外部形状。填料压盖草图之视图的画图过程如图7.15所示。

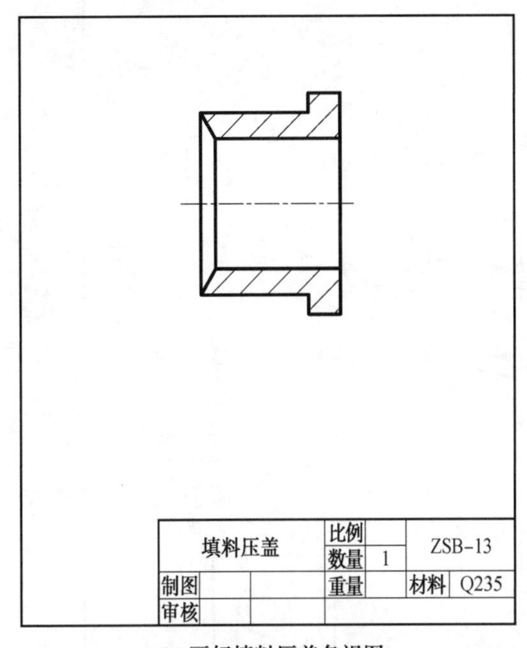

(a)画好填料压盖各视图

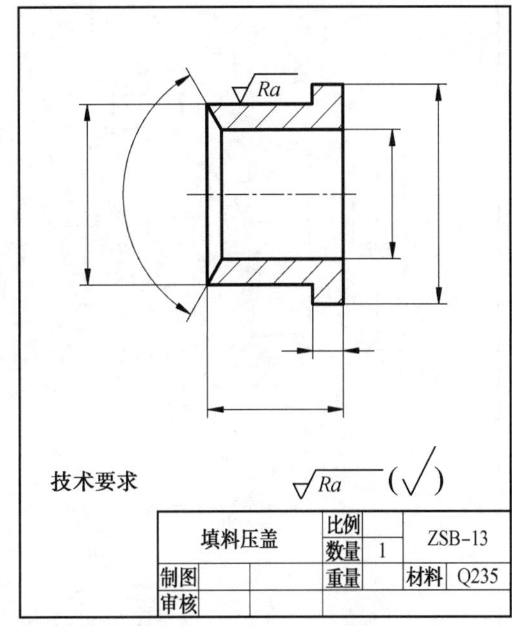

(b)画好尺寸界线、尺寸线，标上粗糙度、几何公差

图7.15　填料压盖草图之视图的画图过程

2. 测量尺寸及确定尺寸公差等技术要求

(1)测量尺寸。

在测量零件时,应根据零件尺寸的精确程度选用相应的量具,精度低的尺寸可用内、外卡钳及钢直尺测量,精度较高的尺寸应用游标卡尺测量。

(2)标注尺寸公差。

根据柱塞泵的工作原理,确定各零件间的配合种类,选用优先配合,查附图1~2和附表1~2。再根据确定的公差带查阅《机械设计手册》,确定尺寸公差值。

(3)标注表面粗糙度。

标注表面粗糙度时,应首先判别零件的加工面与非加工面,对于加工面应观察零件各表面的纹理,并根据零件各表面的作用和加工情况及尺寸公差等级要求,参考表4.1标注表面粗糙度。

(4)标注几何公差。

根据使用要求,参考类似零件,确定几何公差类别及公差等级,查附表20~22,标注相应公差值。

(5)标注其他技术要求或文字说明。

用符号不便于表示,而在制造时或加工后又必须保证的条件和要求,用文字说明其技术要求的相关内容。可参考类似零件进行。

偏心柱塞泵部分零件草图如图7.16所示,作为参考。

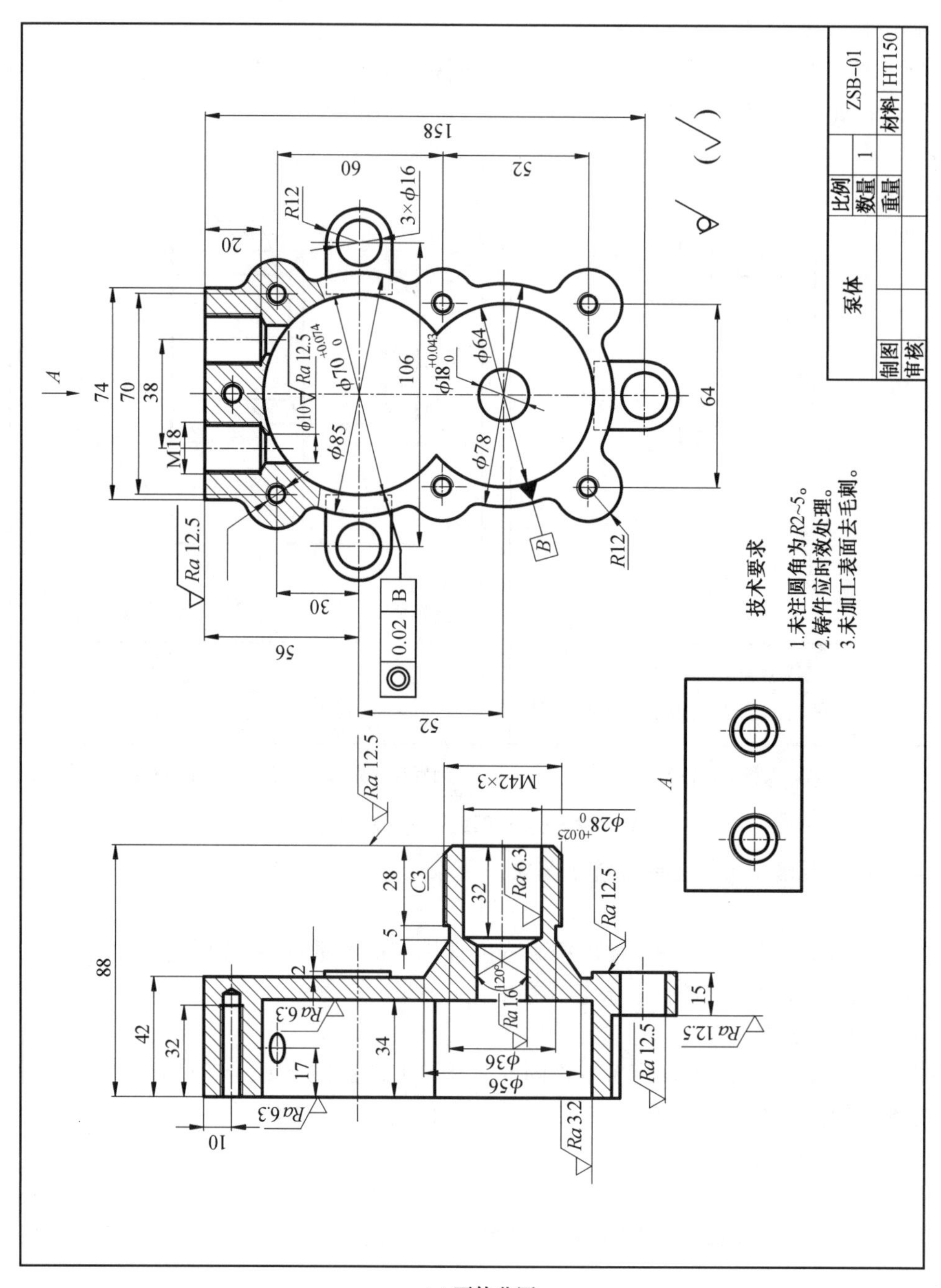

(a) 泵体草图

图 7.16　偏心柱塞泵部分零件草图

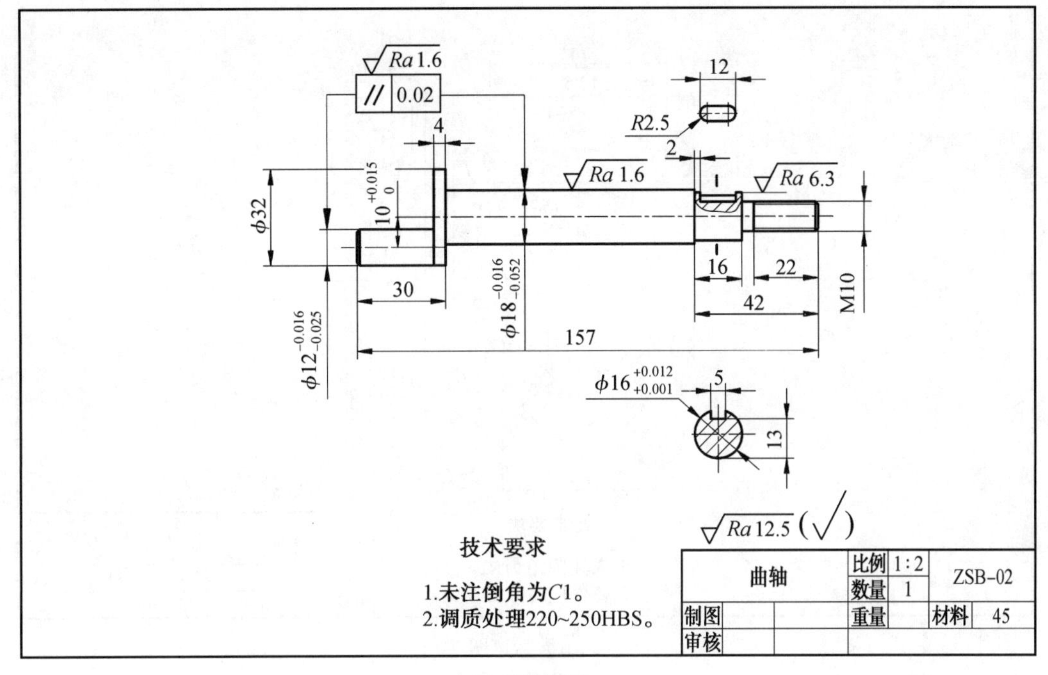

(b) 曲轴草图

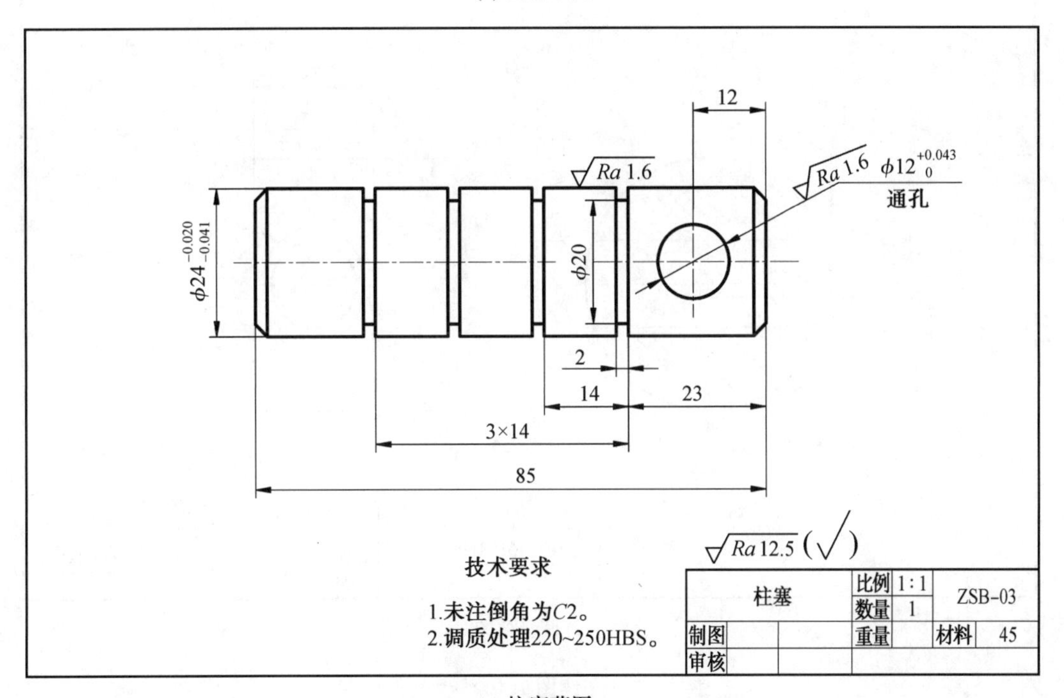

(c) 柱塞草图

续图 7.16

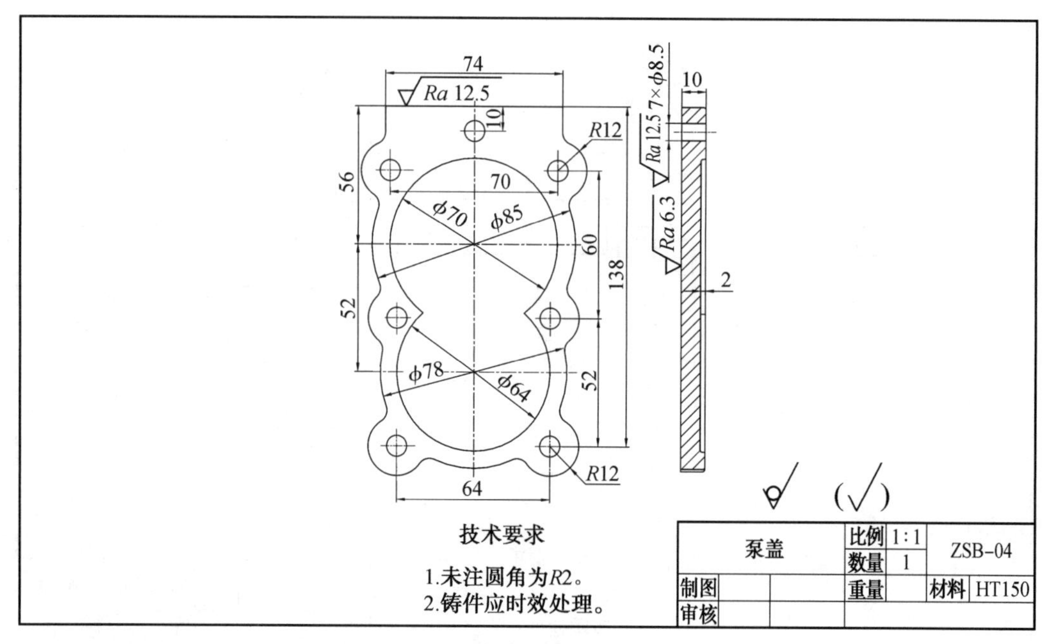

(d) 泵盖草图

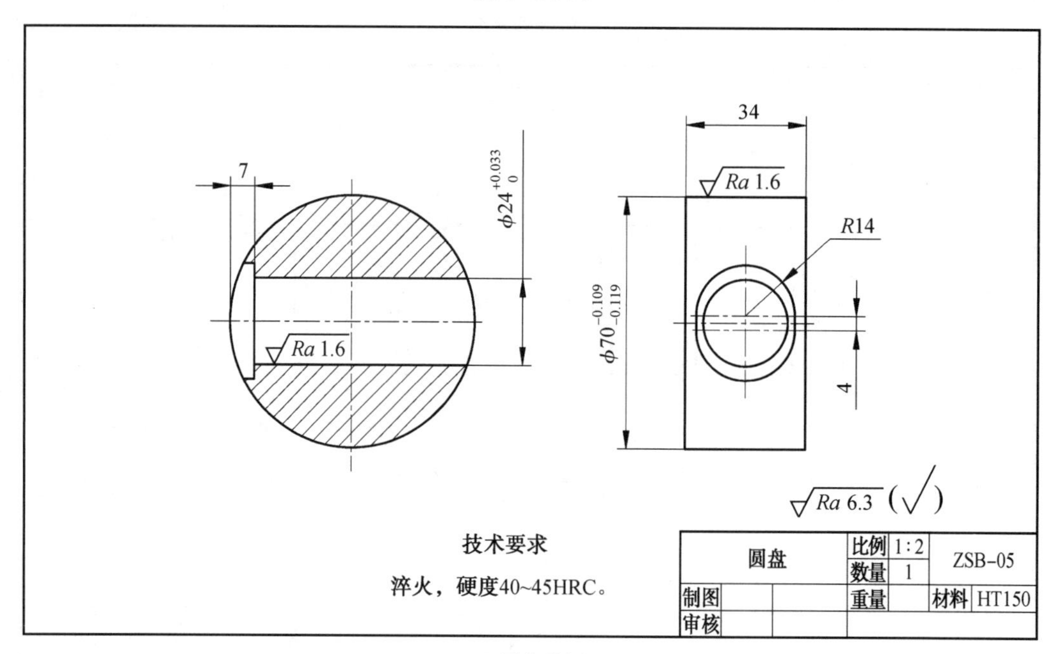

(e) 圆盘草图

续图 7.16

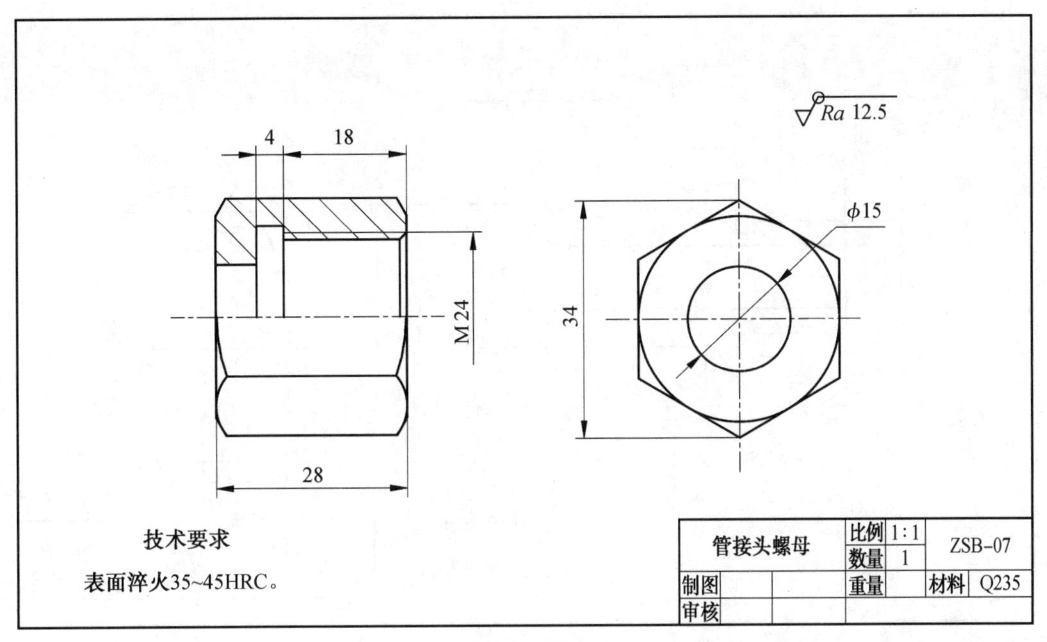

(f) 管接头螺母草图

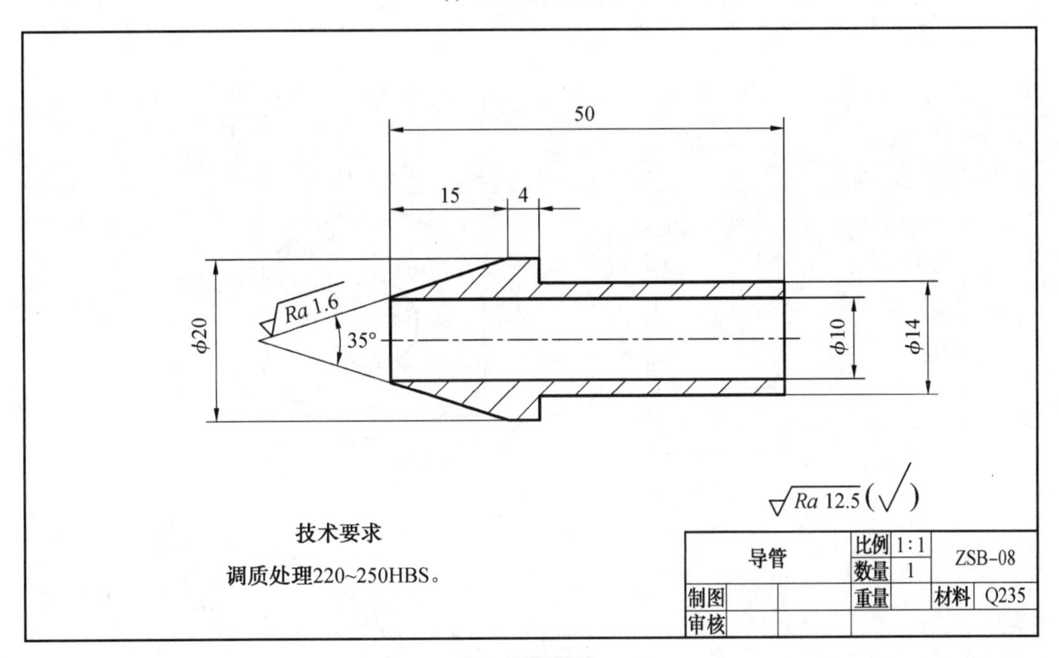

(g) 导管草图

续图 7.16

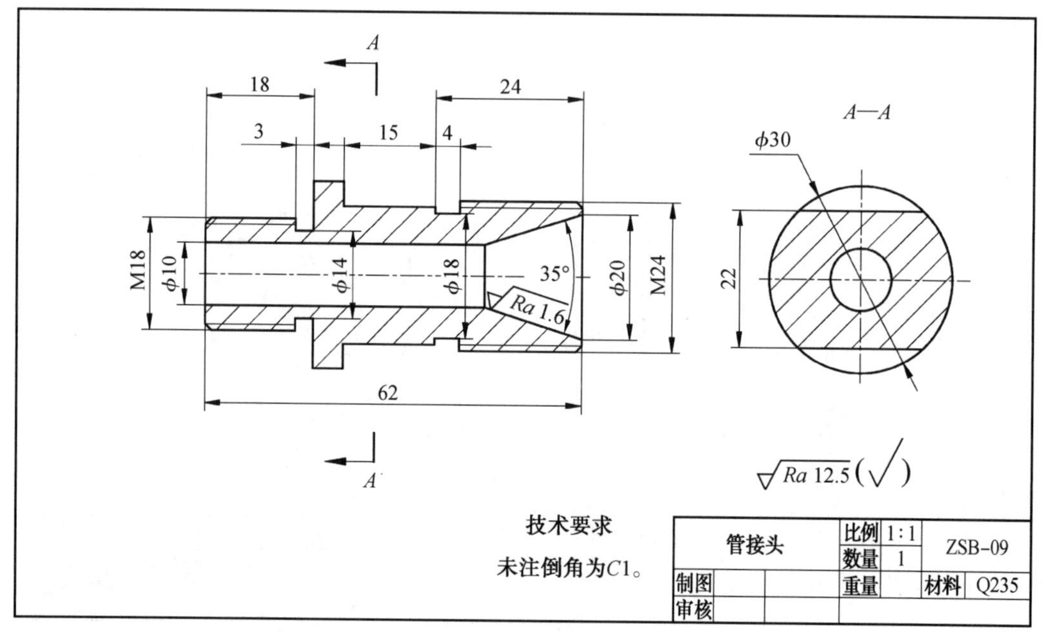

(h) 管接头草图

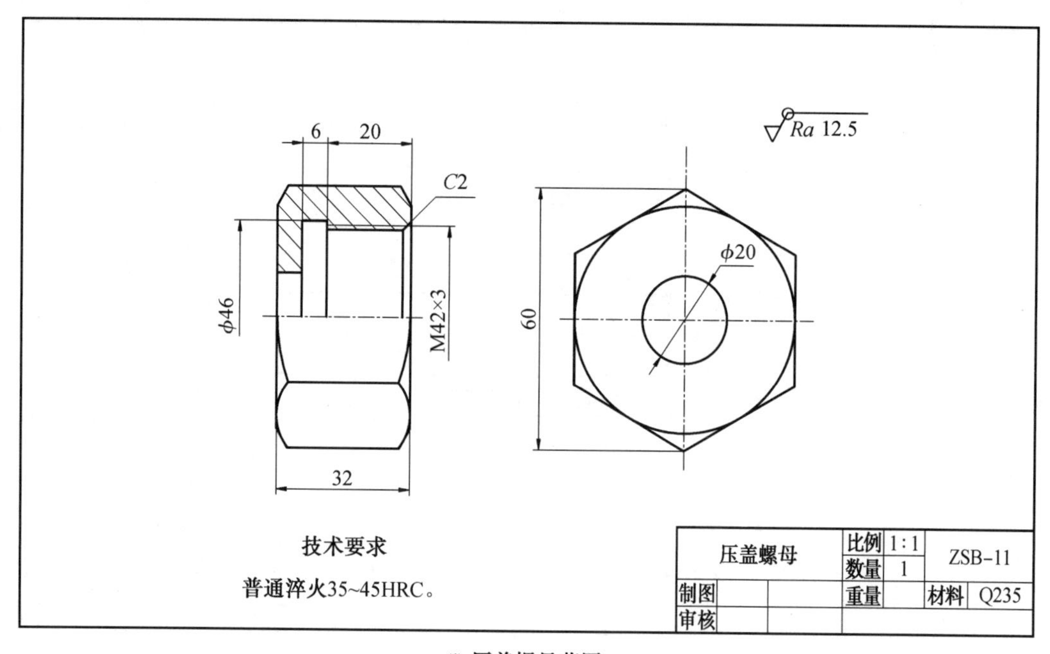

(i) 压盖螺母草图

续图 7.16

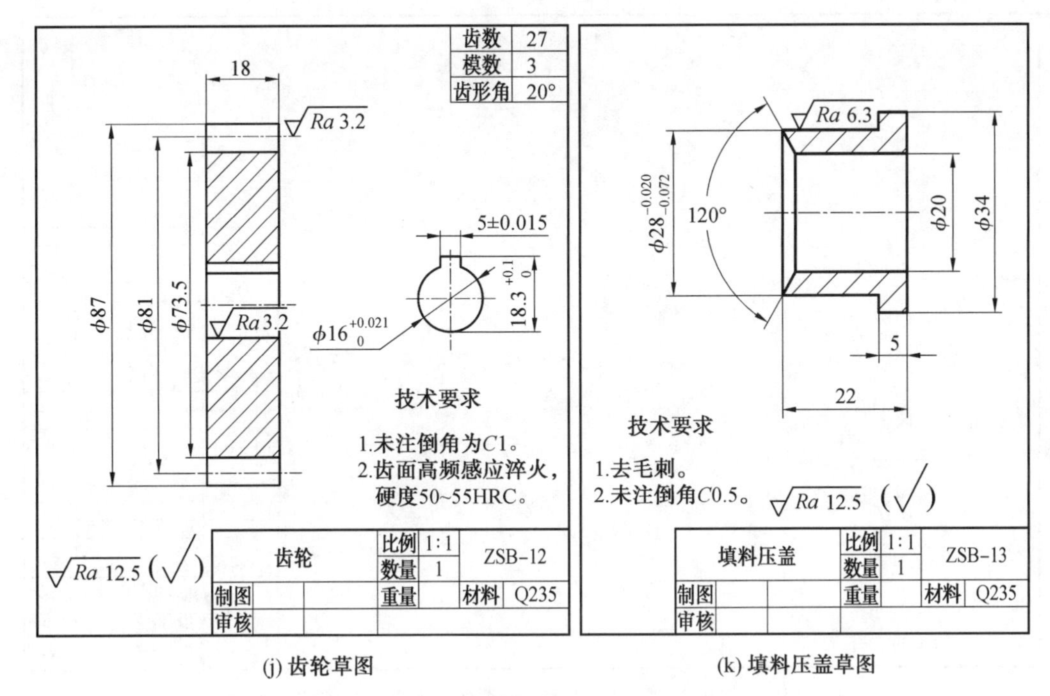

(j) 齿轮草图　　(k) 填料压盖草图

续图 7.16

7.3.3 绘制偏心柱塞泵的装配图

偏心柱塞泵装配图必须要表达清楚偏心柱塞泵的工作原理、各零件间的相对位置和装配关系，以及主要零件的结构形状。

1. 确定偏心柱塞泵主视图的选择方案

为了表达泵体各零件间的相对位置和装配关系，主视图采用全剖视图，将曲轴轴线水平横放，垂直于曲轴轴线的方向作为主视图的投影方向。

2. 偏心柱塞泵装配图的绘制过程

偏心柱塞泵的装配图的画图步骤如下：

(1) 布图，画出中心线(注意先画出标题栏及零件明细表)，画出偏心柱塞泵的主视图、左视图的中心线。

(2) 画泵体，两个视图一起画。有些明确被挡住的线可以不画。

(3) 画出曲柄，注意画曲柄的定位面，画出圆盘、柱塞，柱塞处于最低位置，主、左两个视图一起画，并擦去被挡住的线。

(4) 画出主视图的右侧部分，画出填料、填料压盖和压盖螺母，这里要注意填料必须填满填料腔，画出键、齿轮、垫片和螺母。

(5) 画主视图上左侧的垫片、泵盖和螺钉，画出左视图上螺钉的横断面。

(6) 画出主、左视图上面的管接、接管螺母和导管。

(7) 拉好零件序号指引线，拉好尺寸线。

(8) 标注必要的尺寸、零件编号，填写零件明细表和标题栏，填写技术要求。

偏心柱塞泵装配图的画图过程如图 7.17 所示。

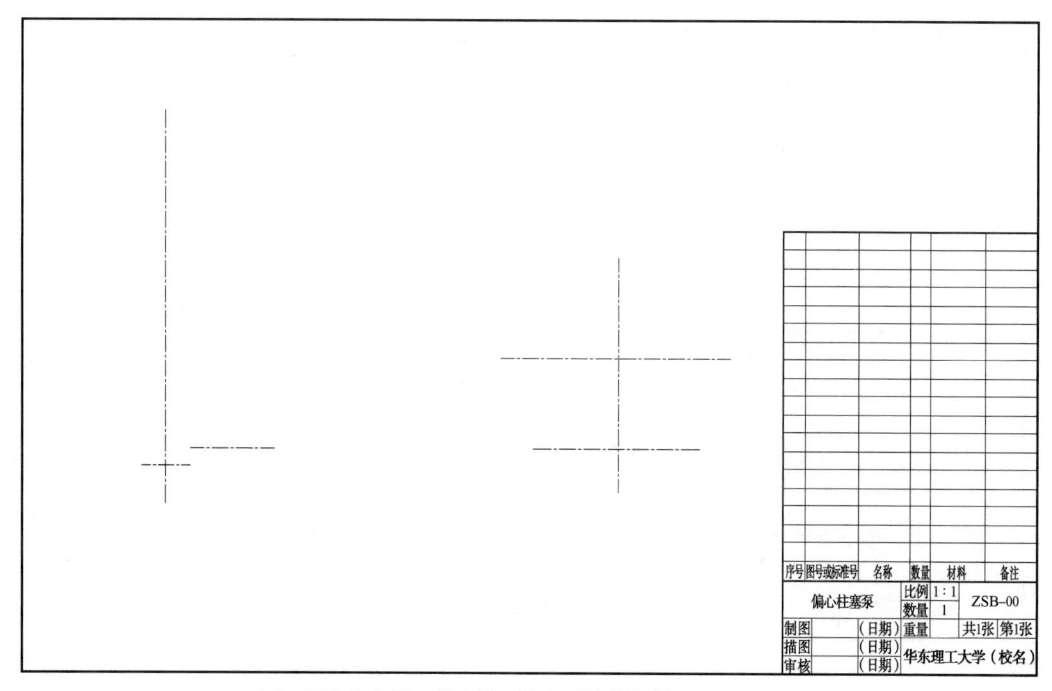

(a) 布图，画出中心线，画出偏心柱塞泵的主视图、左视图的中心线

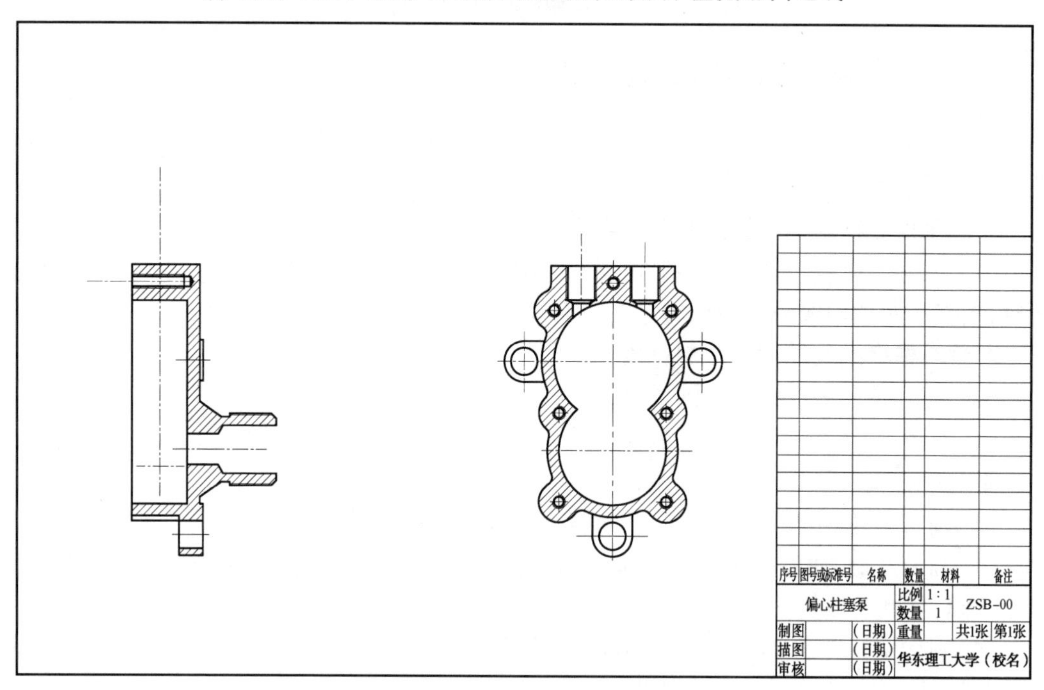

(b) 画泵体，两个视图一起画

图 7.17　偏心柱塞泵装配图的画图过程

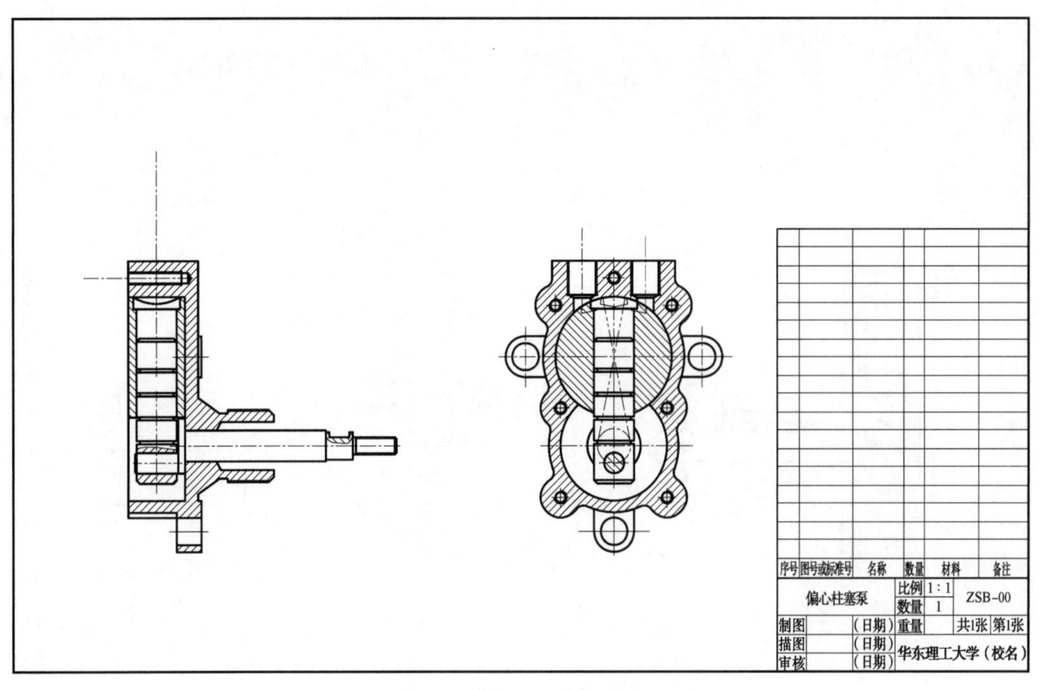

(c) 画出曲柄、圆盘和柱塞

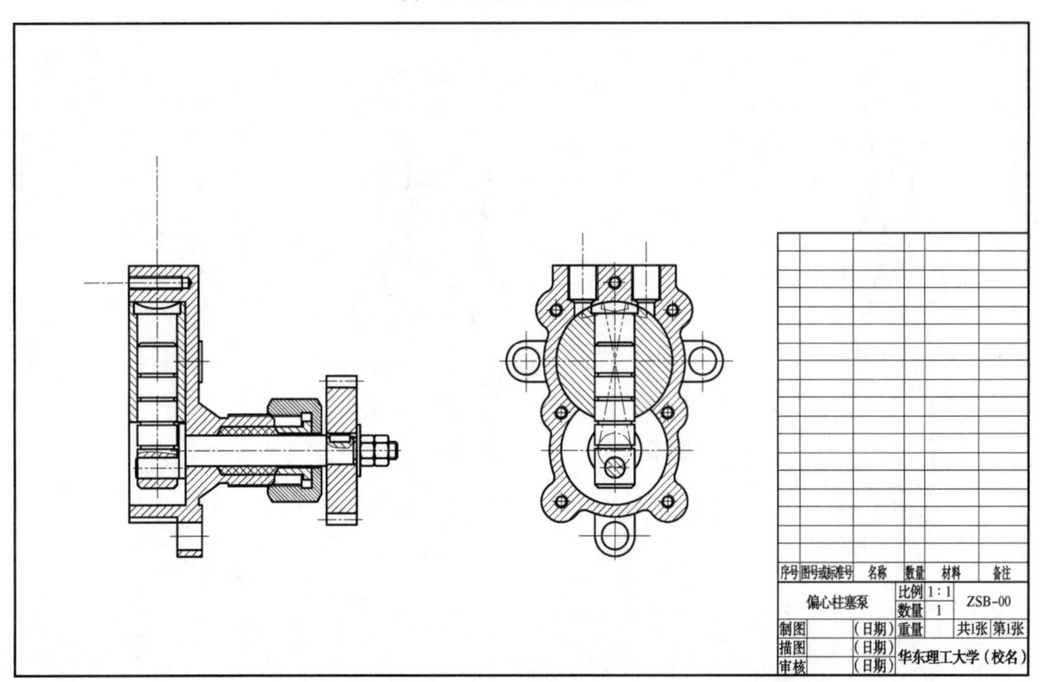

(d) 画出填料、填料压盖、压盖螺母、键、齿轮、垫片和螺母

续图 7.17

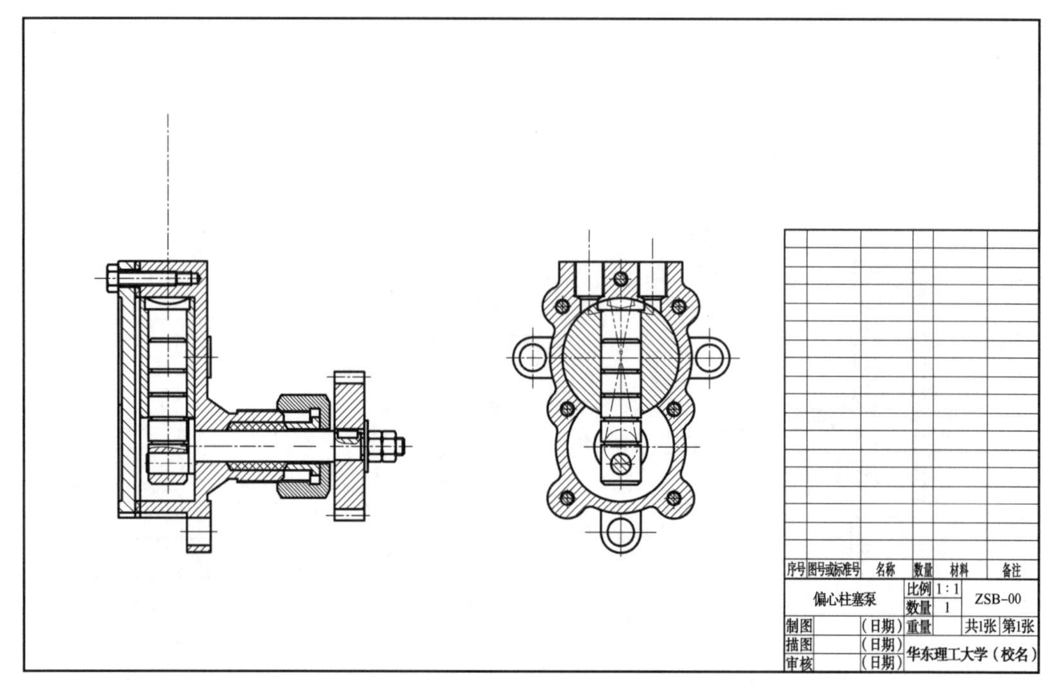

(e) 画主视图上左侧的垫片、泵盖和螺钉，画出左视图上螺钉的横断面

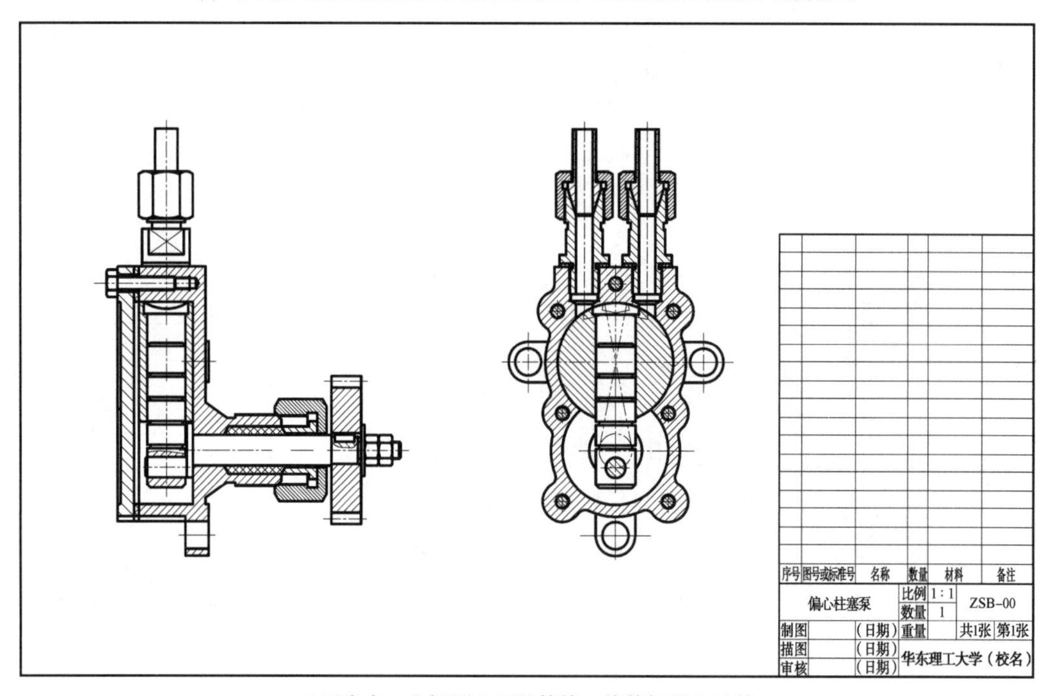

(f) 画出主、左视图上面的管接、接管螺母和导管

续图 7.17

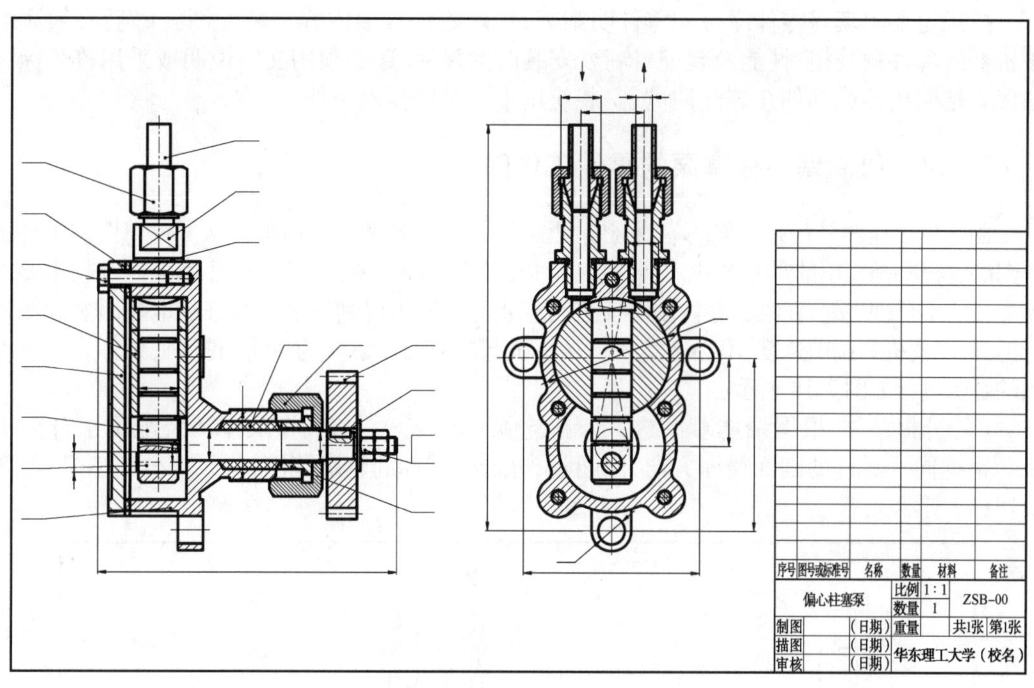

(g) 拉好零件序号指引线，拉好尺寸线

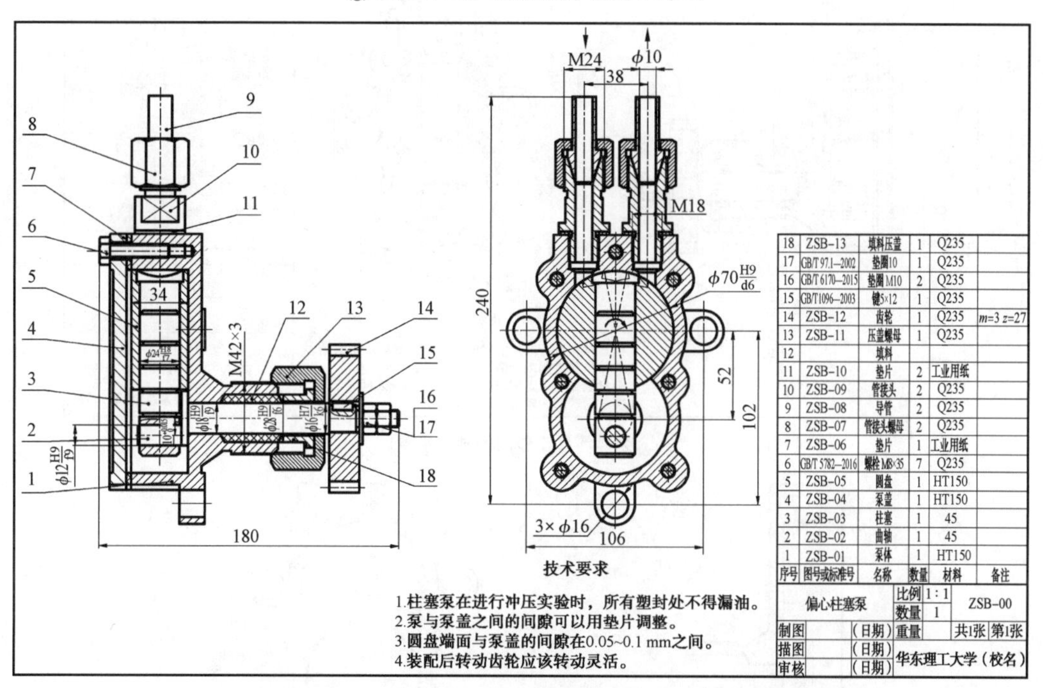

(h) 标注必要的尺寸、零件编号，填写零件明细表和标题栏，填写技术要求

续图 7.17

按规定要求填写零件序号和零件明细表、标题栏的各项内容。装配图画好后必须注明该机器或部件的规格、性能及装配、检验、安装时的尺寸，还必须用文字说明或采用符号标注的形式指明机器或部件在装配调试、安装使用中必需的技术条件。

7.3.4 绘制偏心柱塞泵的零件工作图

画零件工作图是在完成零件草图与装配图，并进一步校核后进行的。从零件草图到零件工作图的过程不是简单的重复照抄，需要重复检查，对于零件的视图表达、尺寸标注以及技术要求等存在的不合理之处，在绘制零件图时应进行修正。我们可以利用已经画好的电子版装配图进行拆画，以便提高画图速度，不必一笔一笔从头画起。下面以泵体为例进行拆画，泵体零件工作图的画图过程如图7.18所示。

(1)分析泵体，根据泵体草图进一步确定泵体的表达方案，将泵体从装配图中分离出来。根据同一零件的剖面线同方向、同间隔，分清楚零件的轮廓范围，将泵体分离出来，如图7.18(b)所示。

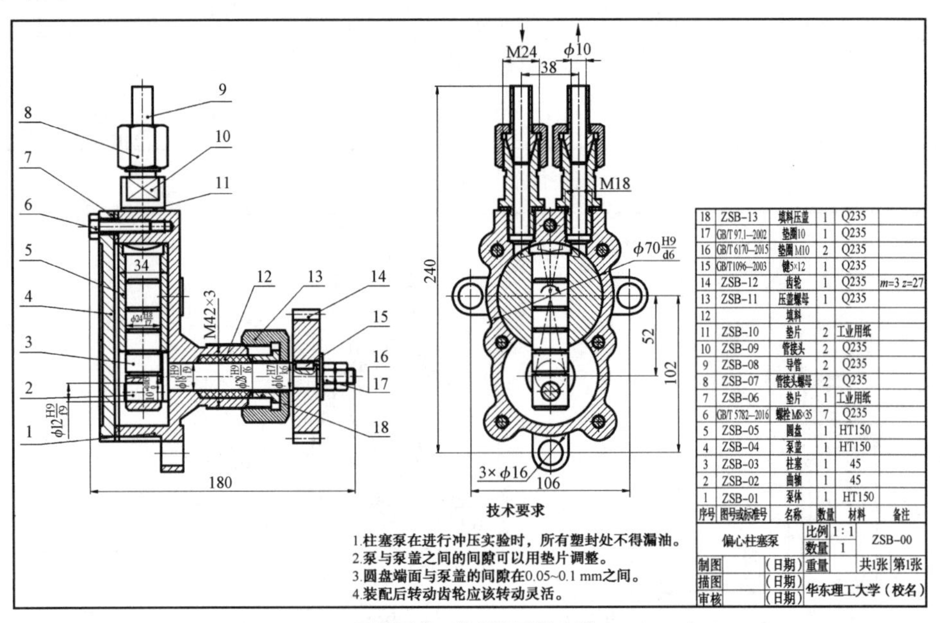

(a) 泵体零件工作图的画图步骤1

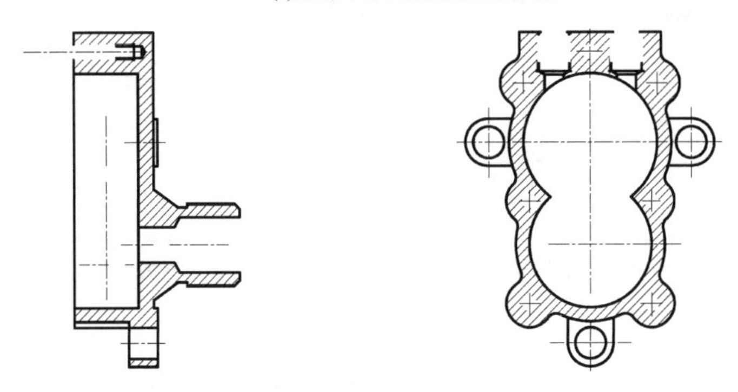

(b) 泵体零件工作图的画图步骤2

图7.18 泵体零件工作图的画图过程

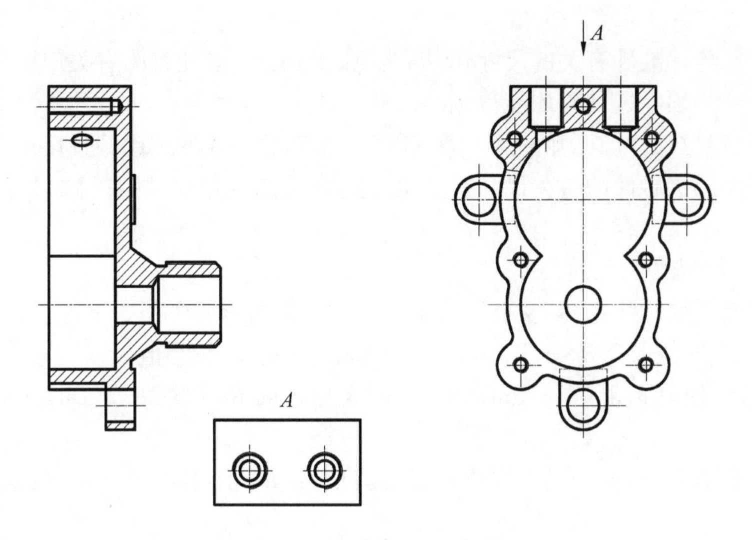

(c) 泵体零件工作图的画图步骤3

续图 7.18

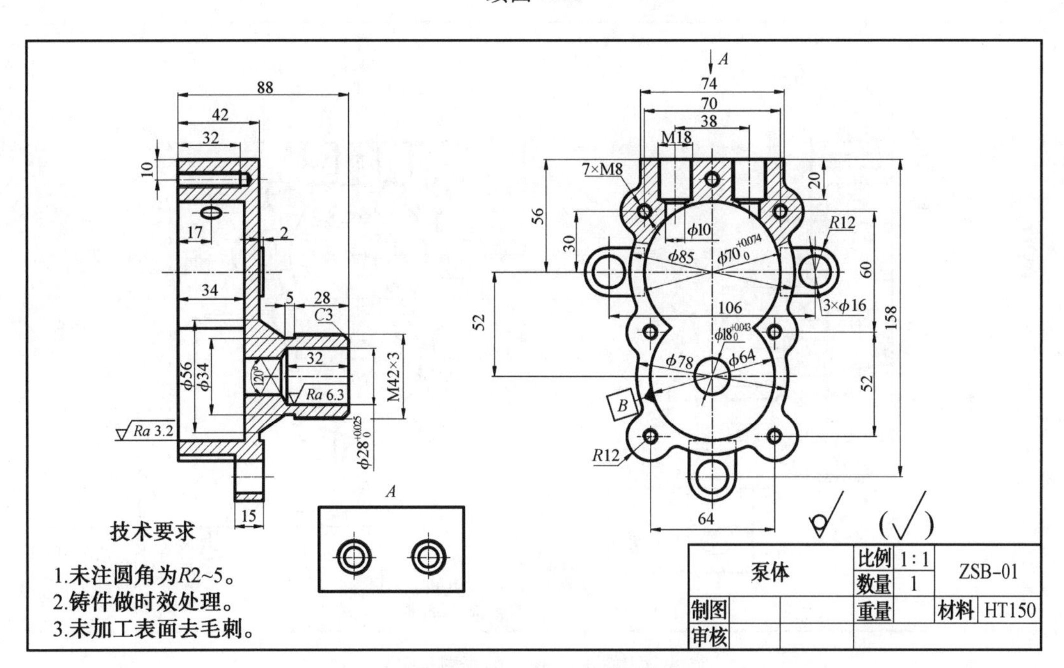

(d) 泵体零件工作图的画图步骤4

续图 7.18

(2)研究所要分离泵体与相邻零件装配时的连接关系,以及被遮挡的情况,想象出所要分离泵体的完整形状,按投影关系补上投影线,并参考零件草图完成零件图表达方案(接触面形状一致),如图 7.18(c)所示。

(3)标注尺寸。

零件图上的尺寸:

①配合尺寸。按装配图中的配合代号,注出公差带代号或上下偏差值,注意孔和轴的基

本尺寸应一致。

②标准尺寸。与标准件有关的尺寸、有标准规定的尺寸，必须查阅有关规定。

③计算尺寸。必须经过计算才能得到的尺寸。

④其余定形、定位尺寸。已知的尺寸直接标注，未知的尺寸均按比例直接从图中量取取整。注意相邻零件的接触面的有关尺寸及连接件的有关的定位尺寸要一致，如图 7.18(d)所示。

(4)标注表面粗糙度及几何公差。

所有加工表面都要标注粗糙度符号，等级的确定一般可参考如下：

①配合表面。*Ra* 值取 0.8 ~3.2 μm，公差等级高的 *Ra* 取较小值。

②接触面。*Ra* 值取 3.2 ~6.3 μm，如零件的定位底面 *Ra* 可取 3.2 μm，一般端面可取 6.3 μm等。

③需加工的自由表面(不与其他零件接触的表面)。*Ra* 值可取 12.5 ~25 μm，如螺栓孔等。

(5)标注技术要求。

根据零件的作用参考类似零件，注写必要的技术要求，如图 7.18(e)所示。

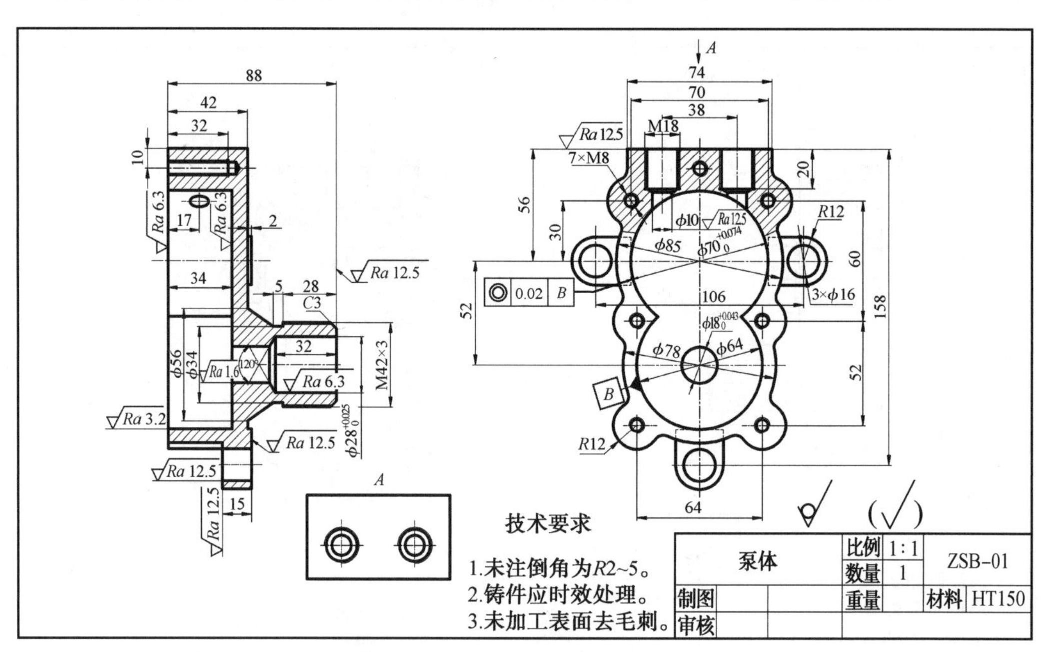

(e) 泵体零件工作图的画图步骤5

续图 7.18

第8章 直齿圆柱齿轮减速器测绘实验报告、答辩和成绩评定

8.1 实践实验报告要求

对测绘工作进行总结,包括以下内容:

(1)测绘实践目的、意义。

(2)直齿圆柱齿轮减速器测绘的任务要求。

(3)简述直齿圆柱齿轮减速器的工作原理、零件间的装配关系以及拆卸与装配的顺序。

(4)对测绘的直齿圆柱齿轮减速器,指出哪些设计及结构不合理,并提出改进意见。谈体会、收获和建议。

(5)说明所使用的参考资料。

可以参考下面的内容撰写实验报告:

1 测绘背景

2 测绘方案

  2.1 测绘的内容:一级直齿圆柱齿轮减速器测绘

  2.2 测绘的基本要求

3 方案实施

  3.1 测绘前的准备工作

  3.2 绘制装配示意图,拆卸零件

  3.3 绘制零件草图

  3.4 量注尺寸

  3.5 确定并标注有关技术要求

  3.6 实际测绘零件说明

  3.7 绘制装配图

  3.8 绘制零件工作图

4 结果与结论

  4.1 结果

  4.2 结论

5 收获与致谢

6 参考文献

7 附件(包括装配示意图1张,零件明细表1张,零件草图3~5张,CAD绘制的零件图3~5张,CAD绘制的装配图1张,尺规绘制的零件图2张)

8.2 实践答辩

答辩的目的是检查每位同学对参与大型测绘作业实践的认识和收获,以及对测绘装配体的了解和掌握程度,给予一个较真实、较全面的评价。每位同学对这次测绘所涉及的知识和技能做到了解和掌握,并通过答辩。

答辩方式和内容由各任课教师确定,也可参照下列要求:

1. 答辩的方式

一是要求学生随堂抽题并根据题意进行口述解答;二是由答辩教师随机提出问题并要求解答。

2. 答辩内容

(1)装配件(直齿圆柱齿轮减速器)的工作原理及作用。

(2)装配图的视图表达方法应该如何选择?

(3)装配图有哪些特殊表达方法?

(4)装配图上需要标注哪些尺寸?

(5)装配件的主要配合有哪些技术要求,如何确定?并说明该技术要求的含义。

(6)简述各零件的名称及其作用。

(7)简述零件图视图的选择方法。

(8)零件上常见工艺结构有哪些?并说明其作用。

(9)零件上技术要求(主要是表面粗糙度、极限与配合)应该如何选择?并说明该技术要求的含义。

(10)螺纹的类型、作用及其螺纹标记的识读。

(11)齿轮各主要结构尺寸的测量方法、计算公式及其画法。

(12)简述拆装的顺序。

(13)测量的步骤及具体使用的测量工具和方法。

8.3 实践的成绩评定

测绘实践将根据纪律、图纸和答辩成绩进行考评,主要考虑以下几个方面:

1. 成绩分配情况

(1)装配示意图成绩(位置关系是否正确,零件是否齐全)占10%。

(2)零件草图成绩(草图数量、内容是否齐全)占20%。

(3)装配图 CAD 图成绩(图面质量)占20%。

(4)零件图 CAD 图成绩(图面质量)占20%。

(5)尺规零件图成绩(图面质量)占20%。

(6)测绘实验报告和答辩占10%。

2. 扣分情况

(1)未完成规定任务或一问三不知的,以及旷课2次以上的,成绩应定为不及格。

(2)不参加答辩者,成绩不能评为优和良。

8.4 实践所需提交的资料

直齿圆柱齿轮减速器测绘实践必须提交的资料见表8.1。

表8.1 测绘实践必须提交的资料

序号	名称	图纸	电子文档	说明
1	装配示意图	A3 1张		
2	零件测绘草图	A4 3~5张 A3 1张		
3	装配图(计算机绘制)	A1 1张	1份	
4	零件图(计算机绘制)	A4 3~5张 A3 1张	1份	
5	零件图(尺规绘制)	A2 1张		
6	实验报告	1份		

附　　录

附录 1　附　图

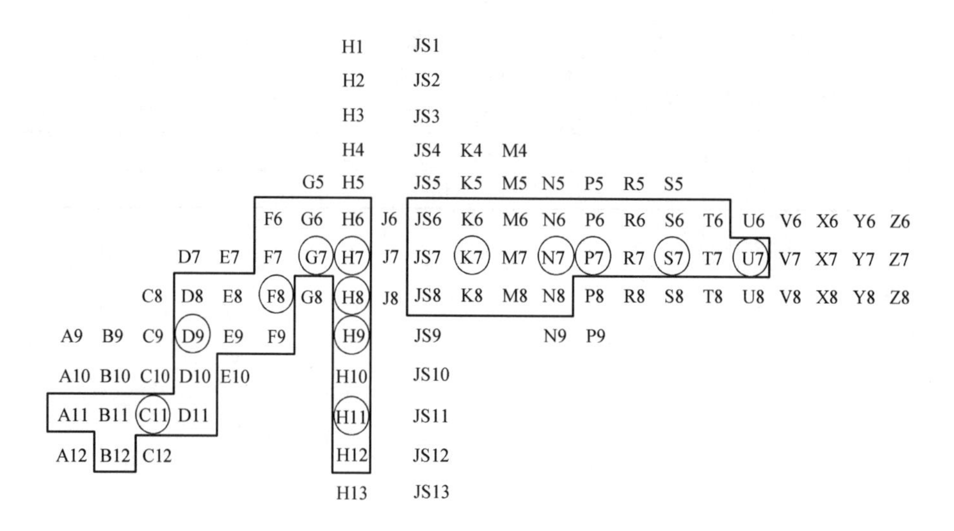

附图 1　公称尺寸至 500 mm 的孔的常用、优先公差带(GB/T 1800. 1—2020)

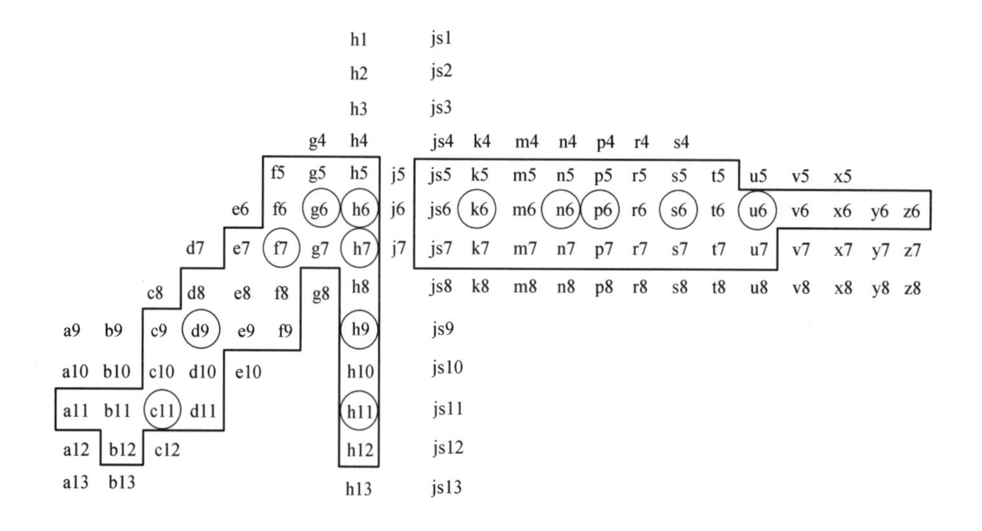

附图 2　公称尺寸至 500 mm 的轴的常用、优先公差带(GB/T 1800. 1—2020)

附录2　附　表

附表1　基轴制优先、常用配合(GB/T 1800.1—2020)

基准轴	孔																				
	A	B	C	D	E	F	G	H	JS	K	M	N	P	R	S	T	U	V	X	Y	Z
	间隙配合								过渡配合			过盈配合									
h5						F6/h5	G6/h5	H6/h5	JS6/h5	K6/h5	M6/h5	N6/h5	P6/h5	R6/h5	S6/h5	T6/h5					
h6						F7/h6	**G7/h6**	**H7/h6**	JS7/h6	**K7/h6**	M7/h6	**N7/h6**	**P7/h6**	R7/h6	**S7/h6**	T7/h6	**U7/h6**				
h7					E8/h7	**F8/h7**		**H8/h7**	JS8/h7	K8/h7	M8/h7	N8/h7									
h8				D8/h8	E8/h8	F8/h8		H8/h8													
h9				**D9/h9**	E9/h9	F9/h9		**H9/h9**													
h10				D10/h10				H10/h10													
h11	A11/h11	B11/h11	**C11/h11**	D11/h11				**A11/h11**													
h12		B12/h12						H12/h12	常用配合共47种,其中优先配合13种。加粗字为优先配合												

附表2　基孔制优先、常用配合(GB/T 1800.1—2020)

基准孔	轴																				
	a	b	c	d	e	f	g	h	js	k	m	n	p	r	s	t	u	v	x	y	z
	间隙配合								过渡配合			过盈配合									
H6						H6/f5	H6/g5	H6/h5	H6/js5	H6/k5	H6/m5	H6/n5	H6/p5	H6/r5	H6/s5	H6/t5					
H7						H7/f6	**H7/g6**	**H7/h6**	H7/js6	**H7/k6**	H7/m6	**H7/n6**	**H7/p6**	H7/r6	**H7/s6**	H7/t6	**H7/u6**	H7/v6	H7/x6	H7/y6	H7/z6
H8					H8/e7	**H8/f7**	H8/g7	**H8/h7**	H8/js7	H8/k7	H8/m7	H8/n7	H8/p7	H8/r7	H8/s7	H8/t7	H8/u7				
				H8/d8	H8/e8	H8/f8		H8/h8													
H9			H9/c9	**H9/d9**	H9/e9	**H9/f9**		H9/h9													
H10			H10/c10	H10/d10				H10/h10													
H11	H11/c11	H11/b11	**H11/c11**	H11/d11				**H11/h11**													
H12		H12/b12						H12/h12	1. 常用配合共59种,其中优先配合13种。加粗字为优先配合 2. H6/n5、H7/p6在公称尺寸小于或等于3 mm和H8/r7在小于或等于100 mm时为过渡配合												

附表 3 标准公差数值(GB/T 1800.1—2020)

公称尺寸/mm		标准公差等级																	
		IT1	IT2	IT3	IT4	IT5	IT6	IT7	IT8	IT9	IT10	IT11	IT12	IT13	IT14	IT15	IT16	IT17	IT18
大于	至	μm											mm						
—	3	0.8	1.2	2	3	4	6	10	14	25	40	60	0.1	0.14	0.25	0.4	0.6	1	1.4
3	6	1	1.5	2.5	4	5	8	12	18	30	48	75	0.12	0.18	0.3	0.48	0.75	1.2	1.8
6	10	1	1.5	2.5	4	6	9	15	22	36	58	90	0.15	0.22	0.36	0.58	0.9	1.5	2.2
10	18	1.2	2	3	5	8	11	18	27	43	70	110	0.18	0.27	0.43	0.7	1.1	1.8	2.7
18	30	1.5	2.5	4	6	9	13	21	33	52	84	130	0.21	0.33	0.52	0.84	1.3	2.1	3.3
30	50	1.5	2.5	4	7	11	16	25	39	62	100	160	0.25	0.39	0.62	1	1.5	2.5	3.9
50	80	2	3	5	8	13	19	30	46	74	120	190	0.3	0.46	0.74	1.2	1.9	3	4.6
80	120	2.5	4	6	10	15	22	35	54	87	140	220	0.35	0.54	0.87	1.4	2.2	3.5	5.4
120	180	3.5	5	8	12	18	25	40	63	100	160	250	0.4	0.63	1	1.6	2.5	4	6.3
180	250	4.5	7	10	14	20	29	46	72	115	185	290	0.46	0.72	1.15	1.85	2.9	4.6	7.2
250	315	6	8	12	16	23	32	52	81	130	210	320	0.52	0.81	1.3	2.1	3.2	5.2	8.1
315	400	7	9	13	18	25	36	57	89	140	230	360	0.57	0.89	1.4	2.3	3.6	5.7	8.9
400	500	8	10	15	20	27	40	63	97	155	250	400	0.63	0.97	1.55	2.5	4	6.3	9.7

注:1. 公称尺寸≤1 mm 时,无 IT14 ~ IT18 级。

2. 公称尺寸在 500 ~ 3 150 mm 范围内的标准公差数值本表未列入。

3. 标准公差等级 IT01 级和 IT0 级在工业中很少用到,本表也未列入,需用时可查阅该标准。

附表 4 普通螺纹(GB/T 193—2003、GB/T 196—2003)

mm

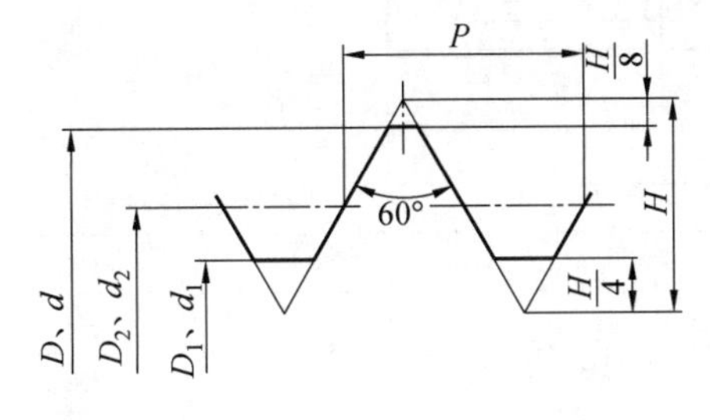

图中:$H = 0.866\,025\,404P$;

$$D_2 = D - 2 \times \frac{3}{8}H = D - 0.649\,5P;$$

$$d_2 = d - 2 \times \frac{3}{8}H = d - 0.649\,5P;$$

$$D_1 = D - 2 \times \frac{5}{8}H = D - 1.082\,5P;$$

$$d_1 = d - 2 \times \frac{5}{8}H = d - 1.082\,5P$$

标 记 示 例

公称直径为 24 mm,螺距为 1.5 mm,

右旋的细牙普通螺纹:M24 ×1.5

公称直径 D、d		螺距 P	
第一系列	第二系列	粗牙	细牙
3		0.5	0.35
	3.5	0.6	
4		0.7	0.5
	4.5	0.75	
5		0.8	
6		1	0.75
	7		
8		1.25	1,0.75
10		1.5	1.25,1,0.75

公称直径 D、d		螺距 P	
第一系列	第二系列	粗牙	细牙
12		1.75	1.5,1.25,1
	14	2	1.5,1.25,1
16			1.5,1
	18	2.5	2,1.5,1
20			
	22		
24		3	
	27		
30		3.5	(3),2,1.5,1

公称直径 D、d		螺距 P	
第一系列	第二系列	粗牙	细牙
	33	3.5	(3),2,1.5
36		4	3,2,1.5
	39		
42		4.5	4,3,2,1.5
	45		
48		5	
	52		
56		5.5	
	60		

附表5 十字槽盘头螺钉(GB/T 818—2016)

mm

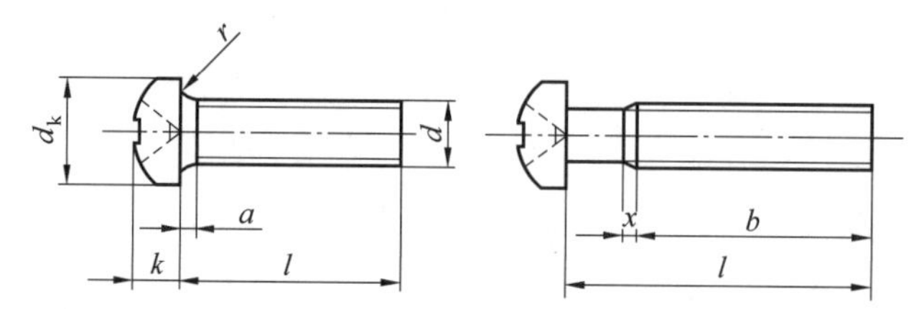

螺纹规格 d		M1.6	M2	M2.5	M3	(M3.5)	M4	M5	M6	M8	M10
a(最大)		0.7	0.8	0.9	1	1.2	1.4	1.6	2	2.5	3
b(最小)		25	25	25	25	38	38	38	38	38	38
x(最大)		0.9	1	1.1	1.25	1.5	1.75	2	2.5	3.2	3.8
商品规格长度 l		3～16	3～20	3～25	4～30	5～30	5～40	6～45	8～60	10～60	12～60
GB/T 818	d_k(最大)	3.2	4	5	5.6	7	8	9.5	12	16	20
	k(最大)	1.3	1.6	2.1	2.4	2.6	3.1	3.7	4.6	6	7.5
	r(最小)	0.1	0.1	0.1	0.1	0.1	0.2	0.2	0.25	0.4	0.4
	全螺纹长度 b	3～25	3～25	3～25	4～25	5～40	5～40	6～40	8～40	10～40	12～40

附表6 六角头螺栓C级(GB/T 5780—2016)、六角头螺栓A级和B级(GB/T 5782—2016)

mm

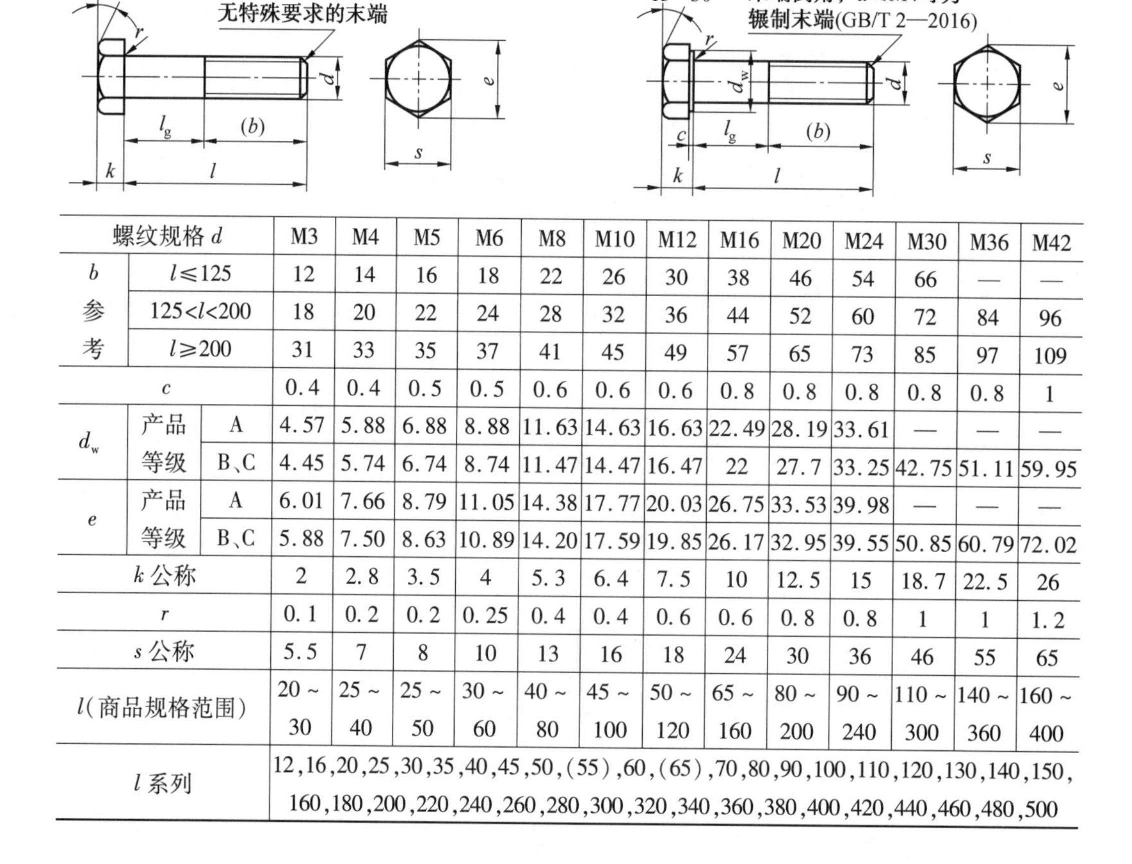

螺纹规格 d			M3	M4	M5	M6	M8	M10	M12	M16	M20	M24	M30	M36	M42
b 参考	$l≤125$		12	14	16	18	22	26	30	38	46	54	66	—	—
	$125<l<200$		18	20	22	24	28	32	36	44	52	60	72	84	96
	$l≥200$		31	33	35	37	41	45	49	57	65	73	85	97	109
c			0.4	0.4	0.5	0.5	0.6	0.6	0.6	0.8	0.8	0.8	0.8	0.8	1
d_w	产品等级	A	4.57	5.88	6.88	8.88	11.63	14.63	16.63	22.49	28.19	33.61	—	—	—
		B、C	4.45	5.74	6.74	8.74	11.47	14.47	16.47	22	27.7	33.25	42.75	51.11	59.95
e	产品等级	A	6.01	7.66	8.79	11.05	14.38	17.77	20.03	26.75	33.53	39.98	—	—	—
		B、C	5.88	7.50	8.63	10.89	14.20	17.59	19.85	26.17	32.95	39.55	50.85	60.79	72.02
k 公称			2	2.8	3.5	4	5.3	6.4	7.5	10	12.5	15	18.7	22.5	26
r			0.1	0.2	0.2	0.25	0.4	0.4	0.6	0.6	0.8	0.8	1	1	1.2
s 公称			5.5	7	8	10	13	16	18	24	30	36	46	55	65
l(商品规格范围)			20～30	25～40	25～50	30～60	40～80	45～100	50～120	65～160	80～200	90～240	110～300	140～360	160～400
l 系列			12,16,20,25,30,35,40,45,50,(55),60,(65),70,80,90,100,110,120,130,140,150,160,180,200,220,240,260,280,300,320,340,360,380,400,420,440,460,480,500												

附表7　六角螺母 C 级(GB/T 41—2016)、1 型六角螺母 A 和 B 级(GB/T 6170—2015)　mm

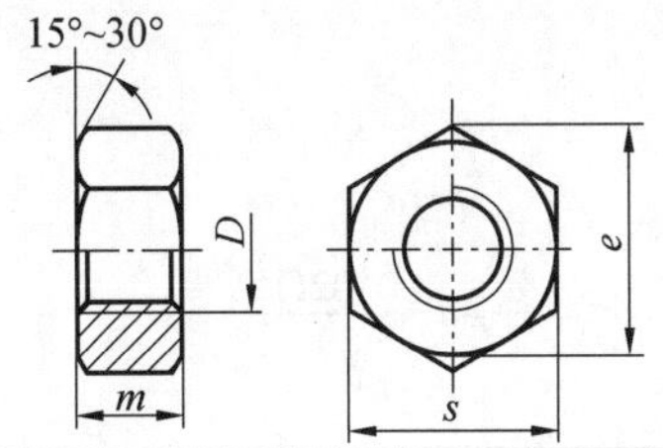

标 记 示 例

螺纹规格为 D=M12、性能等级为 5 级、不经过表面处理、C 级的六角螺母：

螺母　GB/T 41 M12

螺纹规格为 D=M12、性能等级为 8 级、不经过表面处理、A 级的 1 型六角螺母：

螺母　GB/T 6170 M12

螺纹规格 D		M3	M4	M5	M6	M8	M10	M12	M16	M20	M24	M30	M36	M42
e	GB/T 41—2016	—	—	8.63	10.89	14.20	17.59	19.85	26.17	32.95	39.55	50.85	60.79	72.02
	GB/T 6170—2015	6.01	7.66	8.79	11.05	14.38	17.77	20.03	26.75	32.95	39.55	50.85	60.79	72.02
s	GB/T 41—2016	—	—	8	10	13	16	18	24	30	36	46	55	65
	GB/T 6170—2015	5.5	7	8	10	13	16	18	24	30	36	46	55	65
m	GB/T 41—2016	—	—	5.6	6.1	7.9	9.5	12.2	15.9	18.7	22.3	26.4	31.5	34.9
	GB/T 6170—2015	2.4	3.2	4.7	5.2	6.8	8.4	10.8	14.8	18	21.5	25.6	31	34

附表8　圆柱销　不淬硬钢和奥氏体不锈钢(GB/T 119.1—2000)、圆柱销　淬硬钢和马氏体不锈钢(GB/T 119.2—2000)　mm

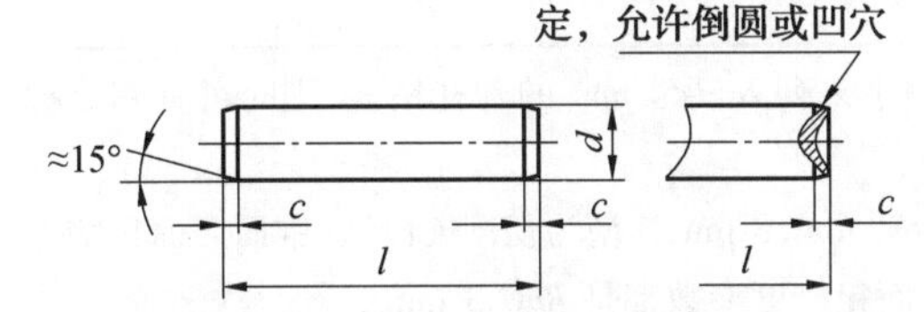

标 记 示 例

公称直径 d =6 mm、公差 m6、公称长度 l=30 mm、材料为钢、不经淬火、不经表面处理的圆柱销：

销 GB/T 119.1 6m6×30

公称直径 d=6 mm、公称长度 l=30 mm、材料为钢、普通淬火(A 型)、表面氧化处理的圆柱销：

销 GB/T 119.2 6×30

公称直径 d		3	4	5	6	8	10	12	16	20	25	30	40	50
c≈		0.50	0.63	0.80	1.2	1.6	2.0	2.5	3.0	3.5	4.0	5.0	6.3	8.0
公称长度 l	GB/T 119.1	8 ~ 30	8 ~ 40	10 ~ 50	12 ~ 60	14 ~ 80	18 ~ 95	22 ~ 140	26 ~ 180	35 ~ 200	50 ~ 200	60 ~ 200	80 ~ 200	95 ~ 200
	GB/T 119.2	8 ~ 30	10 ~ 40	12 ~ 50	14 ~ 60	18 ~ 80	22 ~ 100	26 ~ 100	40 ~ 100	50 ~ 100	—	—	—	—
l 系列		8,10,12,14,16,18,20,22,24,26,28,30,32,35,40,45,50,55,60,65,70,75,80,85,90,95,100,120,140,160,180,200,…												

注：1. GB/T 119.1—2000 规定圆柱销的公称直径 d=0.6 ~ 50 mm，公称长度 l=2 ~ 200 mm，公差有 m6 和 h8。表中未列入 d<3 mm 的圆柱销，需用时可查阅该标准。

2. GB/T 119.2—2000 规定圆柱销的公称直径 d=1 ~ 20 mm，公称长度 l=3 ~ 100 mm，公差有 m6。表中未列入 d<3 mm 的圆柱销，需用时可查阅该标准。

3. 圆柱销常用 35 钢。当圆柱销公差为 h8 时，其表面粗糙度参数 $Ra \leqslant 1.6$ μm；为 m6 时，$Ra \leqslant 0.8$ μm。

附表 9　圆锥销(GB/T 117—2000)　　mm

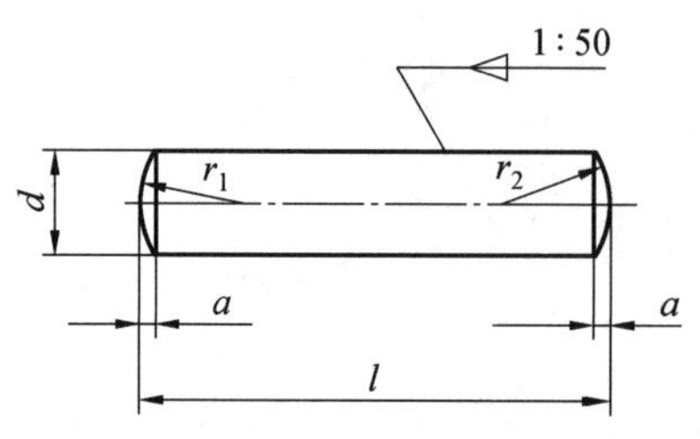

$r_1 \approx d$

$r_2 \approx \frac{a}{2}+d\frac{(0.02l)^2}{8a}$

标 记 示 例

公称直径 d=10 mm、公称长度 l=60 mm、材料为 35 钢、热处理硬度 28～38HRC、表面氧化处理的 A 型圆柱销:

销 GB/T 117　10×60

公称直径 d	4	5	6	8	10	12	16	20	25	30	40	50
$a\approx$	0.5	0.63	0.8	1	1.2	1.6	2	2.5	3	4	5	6.3
公称长度 l	14～55	18～60	22～90	22～120	26～160	32～180	40～200	45～200	50～200	55～200	60～200	65～200
l 系列	2,3,4,5,6,8,10,12,14,16,18,20,22,24,26,28,30,32,35,40,45,50,55,60,65,50,55,60,65,70,75,80,85,90,95,100,120,140,160,180,200,…											

注:1. 标准规定圆柱销的公称直径 d=0.6～50 mm。表中未列入 d<4 mm 的圆柱销,需用时可查阅该标准。

2. 有 A 型和 B 型。A 型为磨削,锥面表面粗糙度参数 Ra0.8 μm;B 型为切削或冷镦,锥面表面粗糙度参数 Ra3.2 μm。A 型和 B 型的圆锥销端面的表面粗糙度参数都是 Ra6.3 μm。

3. 材料为钢或不锈钢,具体规定可查阅该标准,常用 35 钢。

附表 10 普通平键和键槽的剖面尺寸(GB/T 1095—2003) mm

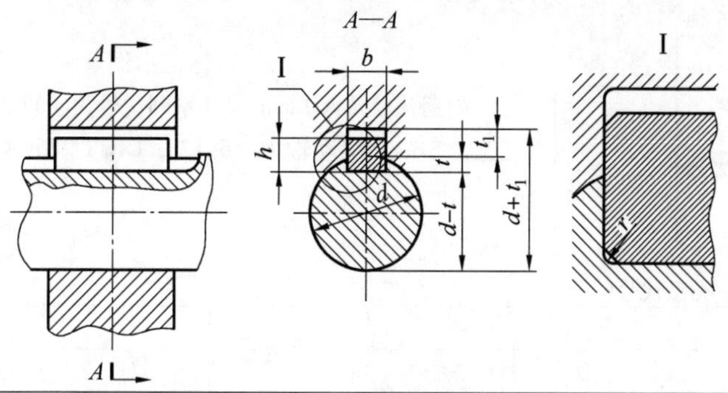

键尺寸 $b\times h$	键槽											
	宽度 b						深度				半径 r	
	基本尺寸	极限偏差					轴 t		毂 t_1			
		正常连接		紧密连接	松连接							
		轴 N9	毂 JS9	轴和毂 P9	轴 H9	毂 D10	基本尺寸	极限偏差	基本尺寸	极限偏差	min	max
2×2	2	−0.004	±0.0125	−0.006	+0.025	+0.060	1.2	+0.1	1.0	+0.1	0.08	0.16
3×3	3	−0.029		−0.031	0	+0.020	1.8	0	1.4	0		
4×4	4	0	±0.015	−0.012	+0.030	+0.078	2.5		1.8		0.16	0.25
5×5	5	−0.030		−0.042	0	+0.030	3.0		2.3			
6×6	6						3.5		2.8			
8×7	8	0	±0.018	−0.015	+0.036	+0.098	4.0	+0.2	3.3	+0.2	0.25	0.40
10×8	10	−0.036		−0.051	0	+0.040	5.0	0	3.3	0		
12×8	12	0	±0.0215	−0.018	+0.043	+0.120	5.0		3.3			
14×9	14	−0.043		−0.061	0	+0.050	5.5		3.8			
16×10	16						6.0		4.3			
18×11	18						7.0		4.4			
20×12	20	0	±0.026	−0.022	+0.052	+0.149	7.5		4.9		0.40	0.60
22×14	22	−0.052		−0.074	0	+0.065	9.0		5.4			
25×14	25						9.0		5.4			
28×16	28						10.0		6.4			
32×18	32						11.0		7.4			

附表 11 深沟球轴承(GB/T 276—2013)

mm

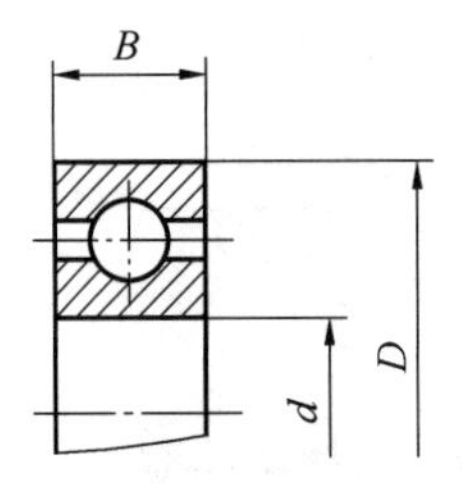

类型代号6

标记示例

内圆孔径 d=60 mm、尺寸系列代号为(0)2 的深沟球轴承:

滚动轴承 6212 GB/T 276—2013

轴承型号	尺寸			轴承型号	尺寸		
	d	D	B		d	D	B
尺寸系列代号(1)0				尺寸系列代号(0)3			
606	6	17	6	633	3	13	5
607	7	19	6	634	4	16	5
608	8	22	7	635	5	19	6
609	9	24	7	6300	10	35	11
6000	10	26	8	6301	12	37	12
6001	12	28	8	6302	15	42	13
6002	15	32	9	6303	17	47	14
6003	17	35	10	6304	20	52	15
6004	20	42	12	63/22	22	56	16
60/22	22	44	12	6305	25	62	17
6005	25	47	12	63/28	28	68	18
60/28	28	52	12	6306	30	72	19
6006	30	55	13	63/32	32	75	20
60/32	32	58	13	6307	35	80	21
6007	35	62	14	6308	40	90	23
6008	40	68	15	6309	45	100	25
6009	45	75	16	6310	50	110	27
6010	50	80	16	6311	55	120	29
6011	55	90	18	6312	60	130	31
6012	60	95	18				

续附表 11

<table>
<tr><th rowspan="2">轴承型号</th><th colspan="3">尺寸</th><th rowspan="2">轴承型号</th><th colspan="3">尺寸</th></tr>
<tr><th>d</th><th>D</th><th>B</th><th>d</th><th>D</th><th>B</th></tr>
<tr><td colspan="4">尺寸系列代号(0)2</td><td colspan="4">尺寸系列代号(0)4</td></tr>
<tr><td>623</td><td>3</td><td>10</td><td>4</td><td>6403</td><td>17</td><td>62</td><td>17</td></tr>
<tr><td>624</td><td>4</td><td>13</td><td>5</td><td>6404</td><td>20</td><td>72</td><td>19</td></tr>
<tr><td>625</td><td>5</td><td>16</td><td>5</td><td>6405</td><td>25</td><td>80</td><td>21</td></tr>
<tr><td>626</td><td>6</td><td>19</td><td>6</td><td>6406</td><td>30</td><td>90</td><td>23</td></tr>
<tr><td>627</td><td>7</td><td>22</td><td>7</td><td>6407</td><td>35</td><td>100</td><td>25</td></tr>
<tr><td>628</td><td>8</td><td>24</td><td>8</td><td>6408</td><td>40</td><td>110</td><td>27</td></tr>
<tr><td>629</td><td>9</td><td>26</td><td>8</td><td>6409</td><td>45</td><td>120</td><td>29</td></tr>
<tr><td>6200</td><td>10</td><td>30</td><td>9</td><td>6410</td><td>50</td><td>130</td><td>31</td></tr>
<tr><td>6201</td><td>12</td><td>32</td><td>10</td><td>6411</td><td>55</td><td>140</td><td>33</td></tr>
<tr><td>6202</td><td>15</td><td>35</td><td>11</td><td>6412</td><td>60</td><td>150</td><td>35</td></tr>
<tr><td>6203</td><td>17</td><td>40</td><td>12</td><td>6413</td><td>65</td><td>160</td><td>37</td></tr>
<tr><td>6204</td><td>20</td><td>47</td><td>14</td><td>6414</td><td>70</td><td>180</td><td>42</td></tr>
<tr><td>62/22</td><td>22</td><td>50</td><td>14</td><td>6415</td><td>75</td><td>190</td><td>45</td></tr>
<tr><td>6205</td><td>25</td><td>52</td><td>15</td><td>6416</td><td>80</td><td>200</td><td>48</td></tr>
<tr><td>62/28</td><td>28</td><td>58</td><td>16</td><td>6417</td><td>85</td><td>210</td><td>52</td></tr>
<tr><td>6206</td><td>30</td><td>62</td><td>16</td><td>6418</td><td>90</td><td>225</td><td>54</td></tr>
<tr><td>62/32</td><td>32</td><td>65</td><td>17</td><td>6419</td><td>95</td><td>240</td><td>55</td></tr>
<tr><td>6207</td><td>35</td><td>72</td><td>17</td><td>6420</td><td>100</td><td>250</td><td>58</td></tr>
<tr><td>6208</td><td>40</td><td>80</td><td>18</td><td>6422</td><td>110</td><td>280</td><td>65</td></tr>
<tr><td>6209</td><td>45</td><td>85</td><td>19</td><td></td><td></td><td></td><td></td></tr>
<tr><td>6210</td><td>50</td><td>90</td><td>20</td><td></td><td></td><td></td><td></td></tr>
<tr><td>6211</td><td>55</td><td>100</td><td>21</td><td></td><td></td><td></td><td></td></tr>
<tr><td>6212</td><td>60</td><td>110</td><td>22</td><td></td><td></td><td></td><td></td></tr>
</table>

注:表中括号“( )”,表示该数字在轴承型号中省略。

附表 12　砂轮越程槽(GB/T 6403.5—2008)

mm

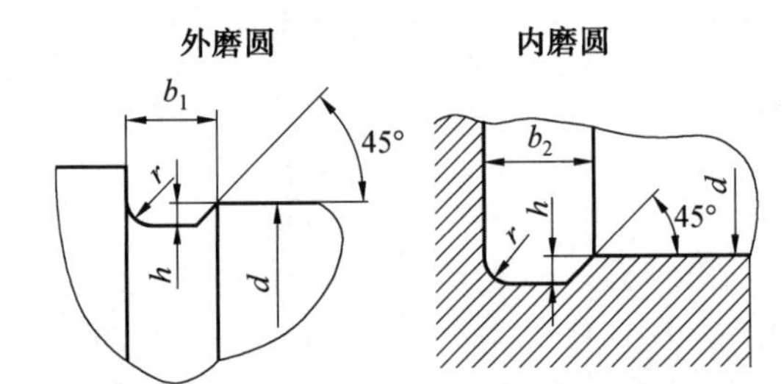

b_1	0.6	1.0	1.6	2.0	3.0	4.0	5.0	8.0	10
b_2	2.0	3.0		4.0		5.0		8.0	10
h	0.1	0.2		0.3	0.4		0.6	0.8	1.2
r	0.2	0.5		0.8	1.0		1.6	2.0	3.0
d	~10			10 ~ 50		50 ~ 100		> 100	

附表 13　普通螺纹倒角和退刀槽(GB/T 3—1997)、螺纹紧固件的螺纹倒角(GB/T 2—2016)

mm

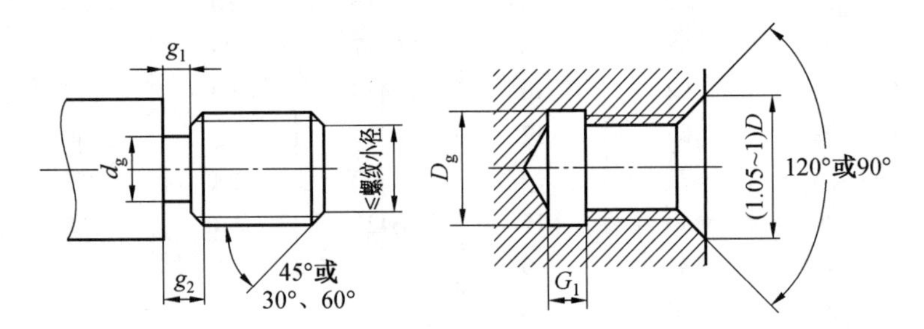

螺距	外螺纹			内螺纹		螺距	外螺纹			内螺纹	
	g_{2max}	g_{1min}	d_g	G_1	D_g		g_{2max}	g_{1min}	d_g	G_1	D_g
0.5	1.5	0.8	d-0.8	2	D+0.3	1.75	5.25	3	d-2.6	7	D+0.5
0.7	2.1	1.1	d-1.1	2.8		2	6	3.4	d-3	8	
0.8	2.4	1.3	d-1.3	3.2		2.5	7.5	4.4	d-3.6	10	
1	3	1.6	d-1.6	4	D+0.5	3	9	5.2	d-4.4	12	
1.25	3.75	2	d-2	5		3.5	10.5	6.2	d-5	14	
1.5	4.5	2.5	d-2.3	6		4	12	7	d-5.7	16	

附表 14　零件倒圆与倒角(GB/T 6403.4—2008)　mm

形式	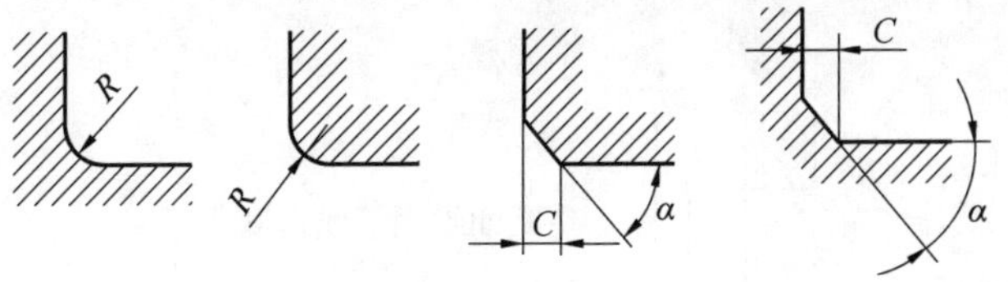	1. R、C 尺寸系列：0.1,0.2,0.3,0.4,0.5,0.6,0.8,1.0,1.2,1.6,2.0,2.5,3.0,4.0,5.0,6.0,8.0,10,12,16,20,25,32,40,50 2. α 一般用 45°，也可用 30°或 60°
倒圆、45°倒角的四种装配关系	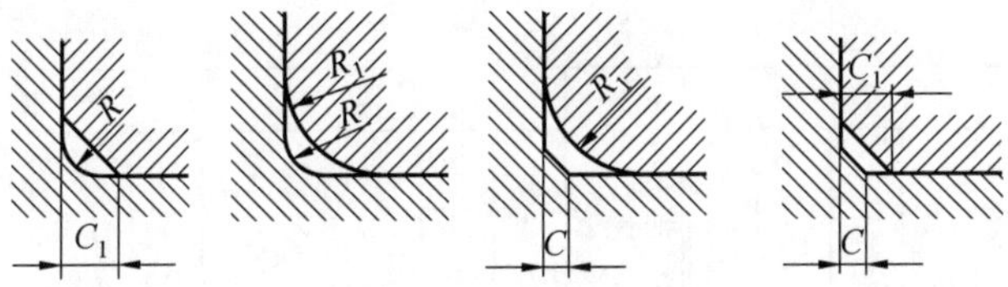 $C_1>R$　$R_1>R$　$C<0.58R_1$　$C_1>C$	1. 倒角为 45° 2. R_1、C_1 的偏差为正，R、C 的偏差为负 3. 左起第三种装配方式，C 的最大值 C_{max} 与 R_1 关系见下表

R_1	0.1	0.2	0.3	0.4	0.5	0.6	0.8	1.0	1.2	1.6	2.0	2.5	3.0	4.0	5.0	6.0	8.0	10	12	16	20	25
C_{max}	—	0.1	0.1	0.2	0.2	0.3	0.4	0.5	0.6	0.8	1.0	1.2	1.6	2.0	2.5	3.0	4.0	5.0	6.0	8.0	10	12

注：按上述关系装配时，内角与外角取值要适当，外角的倒圆或倒角过大会影响零件的工作面，内角的倒圆或倒角过小会产生应力集中。

附表 15　与直径 ϕ 相应的倒角 C、倒圆 R 的推荐值(GB/T 6403.4—2008)　mm

ϕ	≤3	3~6	6~10	10~18	18~30	30~50	50~80	80~120	120~180
C 或 R	0.2	0.4	0.6	0.8	1.0	1.6	2.0	2.5	3.0
ϕ	180~250	250~300	320~400	400~500	500~630	630~800	8 000~1 000	1 000~1 250	1 250~1 600
C 或 R	4.0	5.0	6.0	8.0	10	12	16	20	25

注：倒角一般用 45°，也允许用 30°、60°。

附表 16 毡圈油封(JB/ZQ 4606—86)

mm

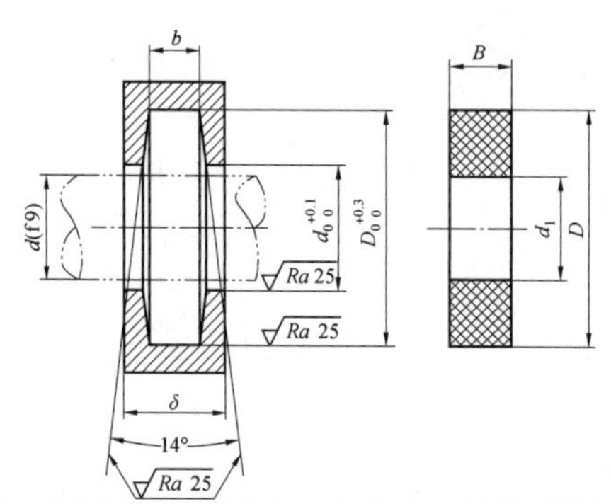

毡圈油封用于线速度小于 5 m/s 的场合
材料:毛毡

轴径 d (f9)	毡圈 D	毡圈 d_1	毡圈 B	毡圈 质量/kg	槽 D_0	槽 d_0	槽 b	槽 δ_{min} 用于钢	槽 δ_{min} 用于铸铁
16	29	14	6	0.001 0	28	16	5	10	12
20	33	19		0.001 2	32	21			
25	39	24	7	0.001 8	38	26	6	12	15
30	45	29		0.002 3	44	31			
35	49	34		0.002 3	48	36			
40	53	39		0.002 6	52	41			
45	61	44	8	0.004 0	60	46	7		
50	69	49		0.005 4	68	51			
55	74	53		0.006 0	72	56			
60	80	58		0.006 9	78	61			
65	84	63		0.007 0	82	66			
70	90	68		0.007 9	88	71			
75	94	73		0.008 0	92	77			
80	102	78	9	0.011	100	82	8	15	18
85	107	83		0.012	105	87			
90	112	88		0.012	110	92			
95	117	93	10	0.014	115	97			
100	122	98		0.015	120	102			
105	127	103		0.016	125	107			
110	132	108	10	0.017	130	112	8	15	18
115	137	113		0.018	135	117			
120	142	118		0.018	140	122			
125	147	123		0.018	145	127			

轴径 d (f9)	毡圈 D	毡圈 d_1	毡圈 B	毡圈 质量/kg	槽 D_0	槽 d_0	槽 b	槽 δ_{min} 用于钢	槽 δ_{min} 用于铸铁
130	152	128		0.030	150	132	10	18	20
135	157	133		0.030	155	137			
140	162	138		0.032	160	143			
145	167	143		0.033	165	148			
150	172	148		0.034	170	153			
155	177	153		0.035	175	158			
160	182	158		0.035	180	163			
165	187	163	12	0.037	185	168			
170	192	168		0.038	190	173			
175	197	173		0.038	195	178			
180	202	178		0.038	200	183			
185	207	182	14	0.039	205	188			
190	212	188		0.039	210	193			
195	217	193		0.041	215	198	12	20	22
200	222	198		0.042	220	203			
210	232	208		0.044	230	213			
220	242	218		0.046	240	223			
230	252	228		0.048	250	233			
240	262	238		0.051	260	243			

附表 17　Z 形橡胶油封(JB/ZQ 4075—2006)

mm

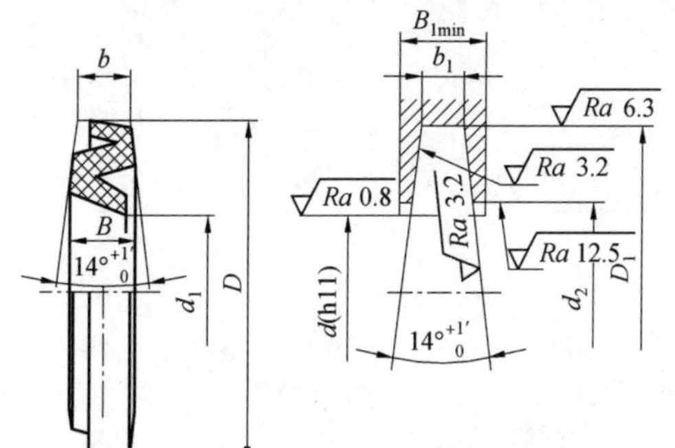

适用范围:用于轴速小于等于于 6 m/s 的滚动轴承及其他机械设备中。工作温度-25 ~80 ℃,起防尘和封油作用。

材料:丁腈橡胶 XA Ⅰ 7453　HG/T 2811—2009

标记示例:

d=100 mm 的 Z 形橡胶油封,标记为

油封 Z100 JB/ZQ 4075—2006

轴径 d (h11)	油封					沟槽							
	D	d_1		b	B	D_1		d_2		b_1		B_{1min}	
		基本尺寸	极限偏差			基本尺寸	极限偏差	基本尺寸	极限偏差	基本尺寸	极限偏差	用于钢	用于铸铁
10	21.5	9	+0.30 +0.15	3	3.8	21	+0.21 0	11	+0.18 0	3	+0.14 0	8	10
12	23.5	11				23		13					
15	26.5	14				26		16					
17	28.5	16				28		18					
20	31.5	19				31	+0.25 0	21.5	+0.21 0				
25	38.5	24		4	4.9	38		26.5		4	+0.18 0	10	12
30	43.5	29				43		31.5	+0.25 0				
(35)	48.5	34				48		36.5					
40	53.5	39				53	+0.30 0	41.5					
45	58.5	44				58		46.5					
50	68	49		5	6.2	67		51.5	+0.30 0	5			
(55)	73	53	+0.30 +0.20			72		56.5					
60	78	58				77		62					
(65)	83	63				82	+0.35 0	67					
(70)	90	68		6	7.4	89		72		6		12	15
75	95	73				94		77					
80	100	78				99		82	+0.35 0				
85	105	83				104		87					
90	111	88		7	8.4	110		92		7	+0.22 0		
95	117	93				116		97					
100	126	98		8	9.7	125	+0.40 0	102		8		16	18

附表 18 60°中心孔(GB/T 145—2001)

mm

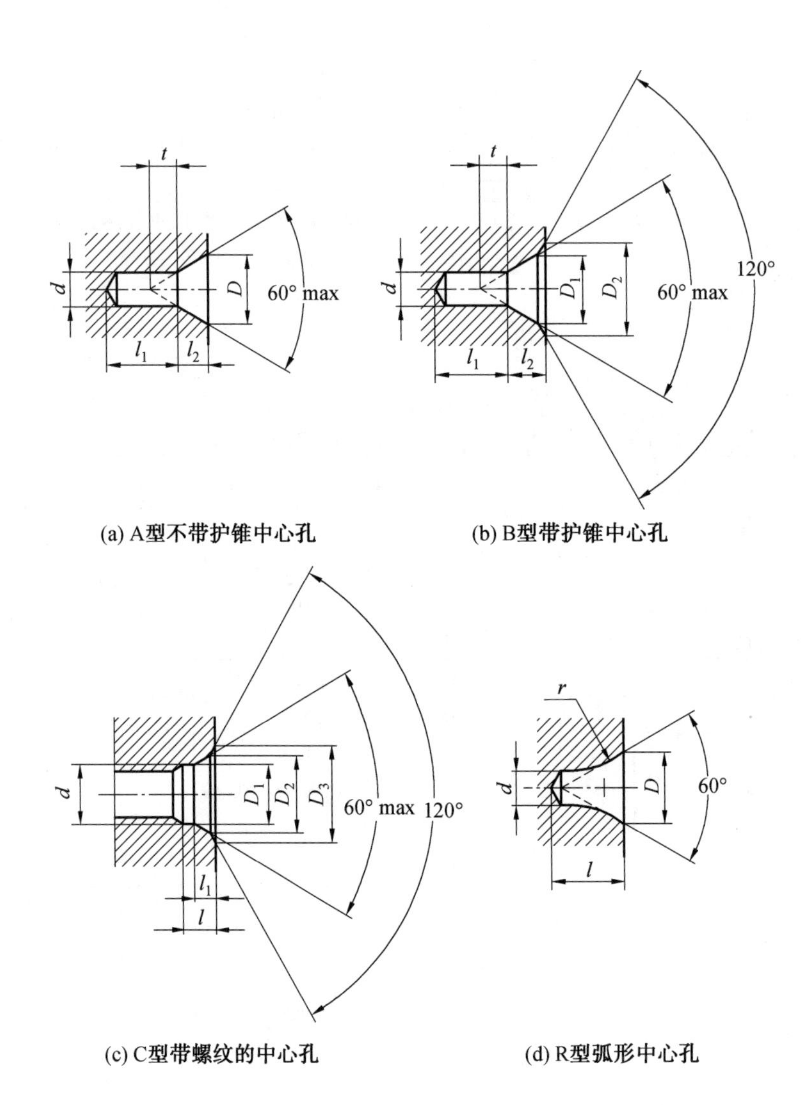

(a) A型不带护锥中心孔

(b) B型带护锥中心孔

(c) C型带螺纹的中心孔

(d) R型弧形中心孔

d	D		D_1	D_2	l_1		l 参考		l_{min}	r		d	D_1	D_2	D_3	l	l_1 参考
										max	min						
A、B、R型	A 型	R 型	B 型		A 型	B 型	A 型	B 型	R 型			C 型					
(0.50)	1.06	—	—	—	0.48	—	0.5	—	—	—	—	M3	3.2	5.3	5.8	2.6	1.8
(0.63)	1.32	—	—	—	0.60	—	0.6	—	—	—	—	M4	4.3	6.7	7.4	3.2	2.1
(0.80)	1.70	—	—	—	0.73	—	0.7	—	—	—	—	M5	5.3	8.1	8.8	4.0	2.4

续附表 18

d	D		D_1	D_2	l_1		l 参考		l_{min}	r		d	D_1	D_2	D_3	l	l_1 参考
										max	min						
1.00	2.12	2.12	2.12	3.15	0.97	1.27	0.9	0.9	2.3	3.15	2.50	M6	6.4	9.6	10.5	5.0	2.8
(1.25)	2.65	2.65	2.65	4.00	1.21	1.60	1.1	1.1	2.8	4.00	3.15	M8	8.4	12.2	13.2	6.0	3.3
1.60	3.35	3.35	3.35	5.00	1.52	1.99	1.4	1.4	3.5	5.00	4.00	M10	10.5	14.9	16.3	7.5	3.8
2.00	4.25	4.25	4.25	6.30	1.95	2.54	1.8	1.8	4.4	6.30	5.00	M12	13.0	18.1	19.8	9.5	4.4
2.50	5.30	5.30	5.30	8.00	2.42	3.20	2.2	2.2	5.5	8.00	6.30	M16	17.0	23.0	25.3	12.0	5.2
3.15	6.70	6.70	6.70	10.00	3.07	4.03	2.8	2.8	7.0	10.00	8.00	M20	21.0	28.4	31.3	15.0	6.4
4.00	8.50	8.50	8.50	12.50	3.90	5.05	3.5	3.5	8.9	12.50	10.00	M24	26.0	34.2	38.0	18.0	8.0
(5.00)	10.60	10.60	10.60	16.00	4.85	6.41	4.4	4.4	11.2	16.00	12.50						
6.30	13.20	13.20	13.20	18.00	5.98	7.36	5.5	5.5	14.0	20.00	16.00						
(8.00)	17.00	17.00	17.00	22.40	7.79	9.36	7.0	7.0	17.9	25.00	20.00						
10.00	21.20	21.20	21.20	28.00	9.70	11.66	8.7	8.7	22.5	31.50	25.00						

注：1. 括号内尺寸尽量不用。

2. A、B 型中尺寸 l_1 取决于中心钻的长度，即使中心孔重磨后再使用，此值不应小于 l 值。

3. A 型同时列出了 D 和 l_2 尺寸，B 型同时列出了 D_2 和 l_2 尺寸，制造厂可分别任选其中一个尺寸。

附表 19　滚花（GB/T 6403.3—2008）　　mm

图示	标记	模数 m	h	r	节距 p
直纹滚花　网纹滚花　30°　30°　P　r　h　$2h$　90°　r	标记 模数 $m=0.3$ 直纹滚花： 直纹 $m=0.3$（GB/T 6403.3—2008） 模数 $m=0.4$ 网纹滚花： 网纹 $m=0.4$（GB/T 6403.3—2008）	0.2	0.132	0.06	0.628
		0.3	0.198	0.09	0.942
		0.4	0.264	0.12	1.257
		0.5	0.326	0.16	1.571

注：1. 表中 $h=0.785m-0.414r$。

2. 滚花前工件表面粗糙度的轮廓算术平均偏差 Ra 的最大允许值为 12.5 μm。

3. 滚花后工件直径大于滚花前工件直径，其值 $\Delta\approx(0.8\sim1.6)m$，$m$ 为模数。

附表 20　同轴度、对称度、圆跳动、全跳动公差值(GB/T 1184—1996)

μm

公差等级	主要参数 $d(D)$、B、L/mm																	应用举例(参考)
	≤1	1~3	3~6	6~10	10~18	18~30	30~50	50~120	120~250	250~500	500~800	800~1 250	1 250~2 000	2 000~3 150	3 150~5 000	5 000~8 000	8 000~10 000	
1	0.4	0.4	0.5	0.6	0.8	1	1.2	1.5	2	2.5	3	4	5	6	8	10	12	用于同轴度或旋转精度要求很高的零件,一般需要按尺寸公差等级为IT6级或高于IT6级制造的零件。1、2级用于精密测量仪器的主轴和顶尖、柴油机喷油嘴针阀等。3、4级用于机床主轴轴颈,砂轮轴轴颈,汽轮机主轴,测量仪器的小齿轮轴和高精度滚动轴承内、外圈等
2	0.6	0.6	0.8	1	1.2	1.5	2	2.5	3	4	5	6	8	10	12	15	20	
3	1	1	1.2	1.5	2	2.5	3	4	5	6	8	10	12	15	20	25	30	
4	1.5	1.5	2	2.5	3	4	5	6	8	10	12	15	20	25	30	40	50	
5	2.5	2.5	3	4	5	6	8	10	12	15	20	25	30	40	50	60	80	应用范围较广的精度等级,用于精度要求比较高,一般需要按尺寸公差等级为IT7级或高于IT7级制造的零件。5级常用在机床轴颈、测量仪器的测量杆、汽轮机主轴、柱塞油泵转子、高精度滚动轴承外圈和一般精度滚动轴承内圈。6、7级用在内燃机曲轴、凸轮轴轴颈、水泵轴、齿轮轴、汽车后桥输出轴、电机转子、滚动轴承内圈和印刷机传墨辊等
6	4	4	5	6	8	10	12	15	20	25	30	40	50	60	80	100	120	
7	6	6	8	10	12	15	20	25	30	40	50	60	80	100	120	150	200	

续附表20

公差等级	主要参数 $d(D)$、B、L/mm																	应用举例(参考)
	≤1	1~3	3~6	6~10	10~18	18~30	30~50	50~120	120~250	250~500	500~800	800~1 250	1 250~2 000	2 000~3 150	3 150~5 000	5 000~8 000	8 000~10 000	
8	10	10	12	15	20	25	30	40	50	60	80	100	120	150	200	250	300	用于一般精度要求,通常按尺寸公差等级IT9~IT11级制造的零件。8级用于拖拉机发动机分配轴轴颈。9级精度用于齿轮与轴的配合面、水泵叶轮、离心泵泵体和棉花精梳机前后滚子。10级用于摩托车活塞、印染机导布辊、内燃机活塞环槽底径对活塞中心和气缸套外圆对内孔工作面等
9	15	20	25	30	40	50	60	80	100	120	150	200	250	300	400	500	600	
10	25	40	50	60	80	100	120	150	200	250	300	400	500	600	800	1 000	1 200	

附表 21　圆度、圆柱度公差值(GB/T 1184—1996)

μm

公差等级	主要参数 $d(D)$/mm													应用举例(参考)
	≤3	3 ~ 6	6 ~ 10	10 ~ 18	18 ~ 30	30 ~ 50	50 ~ 80	80 ~ 120	120 ~ 180	180 ~ 250	250 ~ 315	315 ~ 400	400 ~ 500	
0	0.1	0.1	0.12	0.15	0.2	0.25	0.3	0.4	0.6	0.8	1.0	1.2	1.5	高精度量仪主轴、高精度机床主轴、滚动轴承滚珠和滚柱等
1	0.2	0.2	0.25	0.25	0.3	0.4	0.5	0.6	1	1.2	1.6	2	2.5	
2	0.3	0.4	0.4	0.5	0.6	0.6	0.8	1	1.2	2	2.5	3	4	精密量仪主轴,外套,阀套,高压油泵柱塞及套,纺锭轴承,高速柴油机进、排气门,精密机床主轴轴颈,针阀圆柱表面,喷油泵柱塞及柱塞套
3	0.5	0.6	0.6	0.8	1	1	1.2	1.5	2	3	4	5	6	小工具显微镜套管外圆,高精度外圆磨床主轴,磨床砂轮主轴套筒,喷油嘴针阀体,高精度微型轴承内、外圈
4	0.8	1	1	1.2	1.5	1.5	2	2.5	3.5	4.5	6	7	8	较精密机床主轴,精密机床主轴箱孔,高压阀门活塞、活塞销、阀体孔,小工具显微镜顶针,高压油泵柱塞,较高精度滚动轴承的配合轴及铣削动力头箱体孔等
5	1.2	1.5	1.5	2	2.5	2.5	3	4	5	7	8	9	10	一般量仪主轴、测杆外圆、陀螺仪轴颈,一般机床主轴,柴油机汽油机活塞、活塞销孔,铣削动力头轴承箱体座孔,高压空气压缩机十字头销、活塞等
6	2	2.5	2.5	3	4	4	5	6	8	10	12	13	15	仪表端盖外圆,一般机床主轴及箱孔,中等压力下液压装置工作面(包括泵、压缩机的活塞和气缸),汽车发动机凸轮轴,纺机锭子,通用减速器轴颈,高速船用发动机曲轴,拖拉机曲轴,主轴颈,风动绞车曲轴

续附表21

公差等级	主要参数 $d(D)$/mm													应用举例(参考)
	≤3	3~6	6~10	10~18	18~30	30~50	50~80	80~120	120~180	180~250	250~315	315~400	400~500	
7	3	4	4	5	6	7	8	10	12	14	16	18	20	大功率低速柴油机曲轴、活塞、活塞销、连杆、气缸、高速柴油机箱体孔,千斤顶,压力油缸活塞,液压传动系统的分配机构,机车传动轴,水泵及一般减速器轴颈
8	4	5	6	8	9	11	13	15	18	20	23	25	27	低速发动机,减速器,大功率曲柄轴轴颈,压气机连杆盖、体,拖拉机气缸体、活塞,炼胶机冷铸轴辊,印刷机传墨辊,内燃机曲轴,柴油机机体孔,凸轮轴,拖拉机、小型船用柴油机气缸套
9	6	8	9	11	13	16	19	22	25	29	32	36	40	空气压缩机缸体,通用机械杠杆与拉杆用套筒销子,拖拉机活塞环套筒孔,氧压机机座
10	10	12	15	18	21	25	30	35	40	46	52	57	63	印染机导布辊,绞车、吊车、起重机滑动轴承轴颈等
11	14	18	22	27	33	39	46	54	63	72	81	89	97	
12	25	30	36	43	52	62	74	87	100	115	130	140	155	
主参数 $d(D)$ 图例	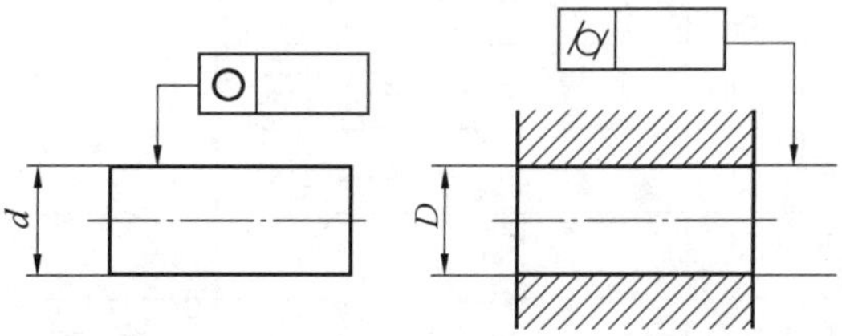 d　D													

附表 22 平行度、垂直度、倾斜度公差值(GB/T 1184—1996)

μm

公差等级	主要参数 L、$d(D)$/mm																应用举例(参考)	
	≤10	10~16	16~25	25~40	40~63	63~100	100~160	160~250	250~400	400~630	630~1 000	1 000~1 600	1 600~2 500	2 500~4 000	4 000~6 300	6 300~10 000	平行度	垂直度或倾斜度
1	0.4	0.5	0.6	0.8	1	1.2	1.5	2	2.5	3	4	5	6	8	10	12	高精度机床、测量仪器以及测量工具等主要基准面和工作面	
2	0.8	1	1.2	1.5	2	2.5	3	4	5	6	8	10	12	15	20	25	精密机床、测量仪器、测量工具以及模具的基准面和工作面,精密机床上重要箱体主轴孔对基准面的要求	精密机床导轨,普通机床主要导轨,机床主轴轴向定位面,精密机床主轴轴肩端面,滚动轴承座圈端面,齿轮测量仪的心轴,光学分度头心轴,涡轮轴端面,精密刀具、测量工具的工作面和基准面
3	1.5	2	2.5	3	4	5	6	8	10	12	15	20	25	30	40	50		
4	3	4	5	6	8	10	12	15	20	25	30	40	50	60	80	100	普通机床、测量仪器、测量工具以及模具的基准面和工作面,高精度轴承座圈、端盖、挡圈的端面,机床主轴孔对基准面的要求,重要轴承孔对基轴面的要求,床头箱体重要孔间要求,一般减速器壳体孔,齿轮泵的轴孔端面等	普通机床导轨,精密机床重要零件,机床重要支承面,普通机床主轴偏摆,发动机轴和离合器凸缘,气缸的支承端面,装 4、5 级轴承的箱体的凸肩,测量仪器、液压传动轴瓦端面,蜗轮盘端面,刀、测量工具工作面和基准面等
5	5	6	8	10	12	15	20	25	30	40	50	60	80	100	120	150		

续附表22

公差等级	主要参数 L、$d(D)$/mm																应用举例(参考)	
	≤10	10～16	16～25	25～40	40～63	63～100	100～160	160～250	250～400	400～630	630～1 000	1 000～1 600	1 600～2 500	2 500～4 000	4 000～6 300	6 300～10 000	平行度	垂直度或倾斜度
6	8	10	12	15	20	25	30	40	50	60	80	100	120	150	200	250	一般机床零件的工作面或基准面,压力机和锻锤的工作面,中等精度钻模的工作面,一般刀具、测量工具、模具、机床一般轴承孔对基准面的要求,床头箱一般孔间要求,气缸轴线,变速器箱孔,主轴花键对定心直径,重型机械轴承盖的端面,卷扬机、手动传动装置的传动轴	低精度机床主要基准面和工作面,回转工作台端面,一般导轨、主轴箱体孔、刀架、砂轮架及工作台回转中心。机床轴肩,气缸配合面对其轴线,活塞销孔对活塞中心线以及装6级轴承壳体孔的轴线等,压缩机气缸配合面对气缸镜面轴线的要求等
7	12	15	20	25	30	40	50	60	80	100	120	150	200	250	300	400		
8	20	25	30	40	50	60	80	100	120	150	200	250	300	400	500	600		
9	30	40	50	60	80	100	120	150	200	250	300	400	500	600	800	1000	低精度零件,重型机械滚动轴承端盖,柴油机和煤气发动机的曲轴孔、轴颈等	花键轴轴肩端面,皮带运输机法兰盘等端面对轴心线,手动卷扬机及传动装置中轴承端面,减速器壳体平面等
10	50	60	80	100	120	150	200	250	300	400	500	600	800	1000	1200	1500		
11	80	100	120	150	200	250	300	400	500	600	800	1 000	1 200	1 500	2 000	2 500	零件非工作面,卷扬机、运输机上用以装减速器壳体的平面	农业机械齿轮端面等
12	120	150	200	250	300	400	500	600	800	1000	1 200	1 500	2 000	2 500	3 000	4 000		

续附表 22

主参数 L、$d(D)$ 图例	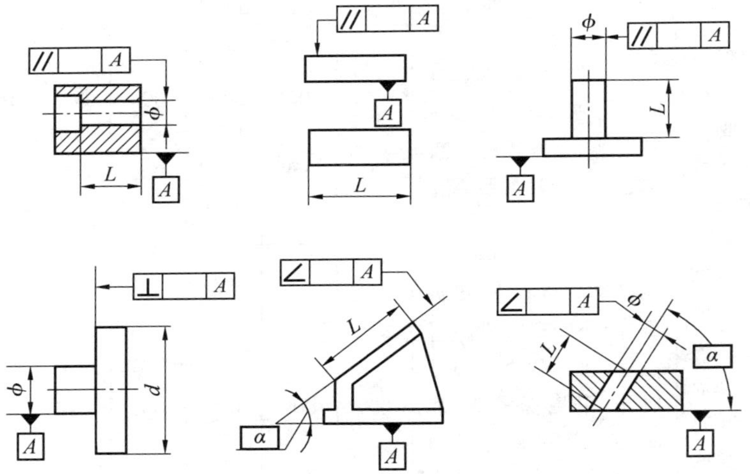 // A, ϕ, L, A; // A, A, L; ϕ, // A, L, A; ⊥ A, ϕ, A, d; ∠ A, L, α, A; ∠ A, ϕ, L, α, A

附录3 一级直齿圆柱齿轮减速器测绘实验报告

样本

零部件测绘实验报告

课程名称：机械制图工程实践

实践题目：一级直齿圆柱齿轮减速器测绘

学院：

姓名：

学号：

班级：

指导教师：

项目	实验报告 10	装配示意图 10	零件草图 20	装配图 20	零件图 20	尺规零件图 20	总分
得分							

测绘任务书

测绘题目	一级直齿圆柱齿轮减速器测绘				
姓名	小张	所在院系	工学院机械系	班级	机械 18-8
同组者姓名	小张	小张	小张	小张	

测绘要求：

1. 了解零部件测绘的程序和过程，熟悉拆卸工具、测量工具的使用方法。
2. 了解一级圆柱齿轮减速器的工作原理、结构特点及装配关系。
3. 通过本次测绘，巩固和运用所学过的基本理论、基本知识，提高绘图基本技能和技巧。
4. 学会查阅国家标准《技术制图》《机械制图》以及相关手册、标准和资料的方法。
5. 掌握尺寸标注方法，用类比法确定技术要求的方法，并了解一些有关工艺和设计知识。
6. 培养徒手画图的本领，提高绘制零件草图、零件工作图、部件装配图的能力。
7. 通过应用 CAD 画图，进一步提高计算机绘图的能力。
8. 通过测绘实践，将学过的理论知识与生产实际相结合，提高我们分析问题和解决问题的能力，培养我们独立思考和创新的能力，以及细致、认真、严谨的工作作风。

我们应完成的工作：

1. 对所测绘的部件进行分析，每人完成装配示意图 1 张。
2. 每 5 人为一小组，合作完成一级圆柱齿轮减速器的拆装、测量等工作，绘制零件草图 1 套。
3. 合作完成绘制 CAD 零件图 1 套。
4. 每人绘制 CAD 装配图 1 张(A1)。
5. 每人尺规绘制零件工作图 1 ~ 2 张。

参考文献阅读：

1.《机械制图》；何铭新，钱可强，徐祖茂；高等教育出版社，2017 年 7 月。
2.《机械制图习题集》；何铭新，钱可强，徐祖茂；高等教育出版社，2017 年 7 月。
3.《机械制图零部件测绘指导书》；赵菊娣；自编讲义，2019 年 5 月。
4.《机械设计手册》第六版；成大先；化学工业出版社，2017 年 9 月。

工作计划：

1. 动员、布置测绘任务、了解测绘对象，拆卸部件，画装配示意图(1 天)。
2. 画零件草图(3 天)。
3. 用 CAD 软件画零件工作图(2 天)。
4. 用 CAD 软件画装配图(1 天)。
5. 尺规绘制零件工作图(1 天)。
6. 写测绘实践实验报告(1 天)。
7. 整理校核图纸，答辩，交作业(1 天)。

任务下达日期：　××××年××月××日

任务完成日期：　××××年××月××日

指导教师：

学生(签名)：

一级直齿圆柱齿轮减速器测绘

摘　要:本课程测绘的目的是在我们学习了表达方法、零件图和装配图的基础上,进一步培养我们绘制和阅读工程图形的能力,为后续课程的学习和课程设计、毕业设计打下坚实的基础。同时还要培养我们查阅机械制图国家标准和有关手册的能力。首先做测绘前的准备工作,领取部件、测量工具等,准备绘图工具、图纸;全面分析了解测绘对象的用途、性能、工作原理、结构特点以及装配关系等;绘制装配示意图;拆卸零件,绘制零件草图,量注尺寸,确定并标注有关技术要求;运用 CAD 绘制零件工作图及绘制装配图;尺规绘制零件工作图。

关键词:一级直齿圆柱齿轮减速器,测绘,草图,装配图,零件图

目　　录

1　测绘背景

2　测绘方案

　2.1　测绘的内容:一级直齿圆柱齿轮减速器测绘

　2.2　测绘的基本要求

3　方案实施

　3.1　测绘前的准备工作

　3.2　绘制装配示意图,拆卸零件

　3.3　绘制零件草图

　3.4　量注尺寸

　3.5　确定并标注有关技术要求

　3.6　实际测绘零件说明

　3.7　绘制装配图

　3.8　绘制零件工作图

4　结果与结论

　4.1　结果

　4.2　结论

5　收获与致谢

6　参考文献

7　附件(包括装配示意图 1 张,零件明细表 1 张,零件草图 3 ~ 5 张,CAD 绘制的零件图 3 ~ 5 张,CAD 绘制的装配图 1 张,尺规绘制的零件图 2 张)

1　测绘背景

大一的一年我们已经学习了"画法几何与机械制图"课程,已全面地学习了机械零部件的看图与画法。从表达方案的比较选择到各种表达方法的合理运用;从图面的布局到尺寸的标注等,我们都已基本掌握了,为了更好地理解、巩固和运用所学知识,学校特安排两周的测绘课程。

测绘课程本身是一个实践性很强的教学环节。通过对一级减速器的具体拆装、测绘,我们将得到一次比较全面而系统的训练,实际上是对有关零部件的拆装、测量、图样画法等的系统练习。因此,希望我在这次的实践环节中,在零部件的测绘方面,在进一步巩固和运用所学知识方面都有一个较大的提高。

2　测绘方案

2.1　测绘的内容:一级直齿圆柱齿轮减速器测绘

(1)拆卸、装配部件,并绘制装配示意图。

(2)绘制部件的零件草图。

(3)运用 CAD 绘制零件图。

(4)运用 CAD 绘制装配图。

(5)尺规绘制零件图。

2.2　测绘的基本要求

(1)测绘前要认真阅读测绘指导书,明确测绘的目的、要求、内容、方法和步骤。

(2)认真复习与测绘有关的内容,如视图表达、尺寸测量方法、标准件和常用件、零件图与装配图等。

(3)做好准备工作,如测量工具、绘图工具、资料、手册和仪器用品等。

(4)通过对装配件的拆卸、组装、全面了解装配件的工作原理、用途、构造和各零件的主要结构、形状,弄清各零件之间的相对位置和装配连接关系。

(5)测绘图样(包括零件草图)应做到:视图选择合理、得当,内容表达完整、准确,尺寸标注清晰、齐全,字体工整,图面整洁。

(6)在测绘中要独立思考、一丝不苟、有错必改,反对不求甚解、照抄照搬、容忍错误的作法。

(7)零件图、装配图应该注写必要的技术要求,技术要求的选择要合理可用。

(8)零件图与装配图的对应结构尺寸应一致,技术要求应相同。

(9)认真绘图,保证图纸质量,做到正确、完整、清晰、整洁。

(10)按预定计划完成测绘任务,所画图样经教师审查后再呈交。

3 方案实施

3.1 测绘前的准备工作

(1)由指导教师布置测绘任务。
(2)强调测绘过程中设备、人身安全的注意事项。
(3)领取部件、测量工具等。
(4)准备绘图工具、图纸,并做好测绘场地的卫生清洁。

3.2 绘制装配示意图,拆卸零件

仔细阅读有关资料,全面分析了解测绘对象的用途、性能、工作原理、结构特点以及装配关系等。装配示意图是机器或部件拆卸过程中所画的记录图样,是绘制装配图和重新进行装配的依据。它所表达的内容主要是各零件之间的相互位置、装配与连接关系以及传动路线等。

在拆卸零件时应注意以下几点:
(1)注意拆卸顺序,严防破坏性拆卸,以免损坏机器零件或影响精度。
(2)拆卸后将零件按类妥善保管,防止混乱和丢失。
(3)将所有零件进行编号登记并注写零件名称,每一个零件最好挂一个对应的标签。

3.3 绘制零件草图

除标准件外,装配体中的每一个零件都应根据零件的内、外结构特点,选择合适的表达方案,画出零件草图。由于测绘工作一般在机器所在现场进行,经常采用目测的方法徒手绘制零件草图,画草图的步骤与画零件图相同,不同之处在于目测零件各部分的比例关系,不用绘图仪器,徒手画出各视图。为了便于徒手绘图和提高工作效率,草图也可画在方格纸上。这次的任务是画上箱体、大齿轮轴和大齿轮的零件草图。

3.4 量注尺寸

选择尺寸基准,画出应标注尺寸的尺寸界线、尺寸线及箭头。最后测量零件尺寸,将其尺寸数字填入零件草图中。应特别注意尺寸测量的准确、尺寸标注的完整性及相关零件之间的配合尺寸或关联尺寸间的协调一致。

标注尺寸时应注意以下问题:

(1)两零件的配合尺寸,一般只在一个零件上测量。例如有配合要求的孔与轴的直径及相互旋合的内、外螺纹的大径等。

(2)对一些重要尺寸,仅靠测量还不行,还需通过计算来校验,如一对啮合齿轮的中心距。有的数据不仅需要计算,还应取标准上规定的数值,如模数。对于不重要的尺寸可取整数。

(3)对零件上的标准结构尺寸,如倒角、圆角、键槽、退刀槽等结构和螺纹的大径等尺寸,要查阅相关标准来确定。零件上与标准零部件(如挡圈、滚动轴承等)相配合的轴与孔的尺寸,可通过标准零部件的型号查表确定。

3.5　确定并标注有关技术要求

(1)根据设计要求和各尺寸的作用,注写尺寸公差。

(2)标注表面粗糙度时,应首先判别零件的加工面与非加工面,对于加工面应观察零件各表面的纹理,并根据零件各表面的作用和加工情况及尺寸公差等级要求,标注表面粗糙度(可用类比法)。

(3)形位公差由使用要求决定。

(4)其他技术要求用符号或文字说明。

3.6　实际测绘零件说明

下面是我画的零件草图:

(1)零件一的测绘(附图3.1)。

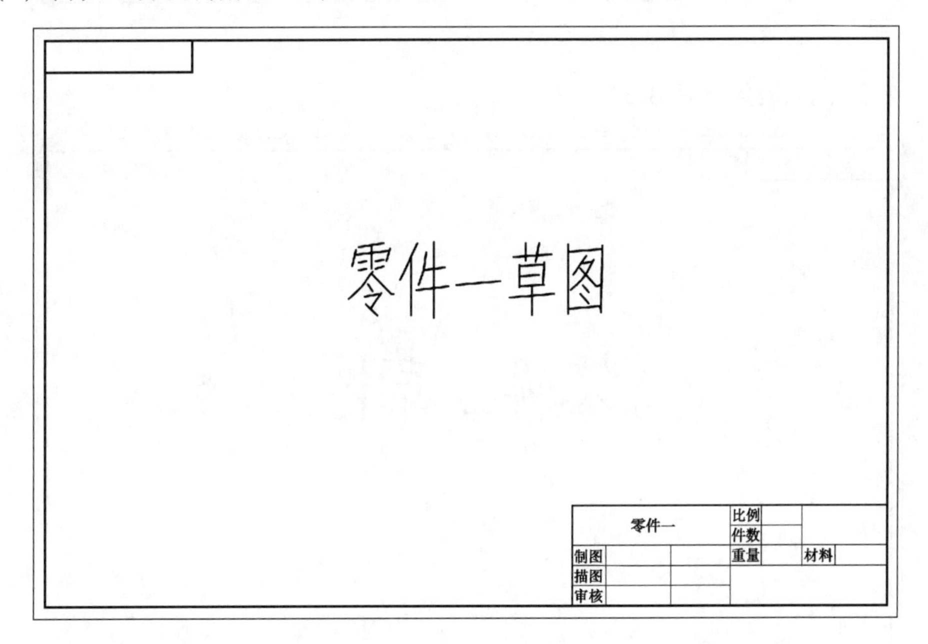

附图3.1　零件一草图

(2)齿轮的测绘(附图3.2)。

确定模数:

用数出的齿数(Z)和量出的顶径(d_a)(齿宽和键槽宽度b、高度h记在旁边以备绘图用)计算模数$m = d_a/(Z+2)$,计算得到的模数再查阅有关手册,取标准值。

则节圆直径$d = m \times Z$;齿顶圆直径$d_a = m(Z+2)$;齿根圆直径$d_f = m(Z-2.5)$。

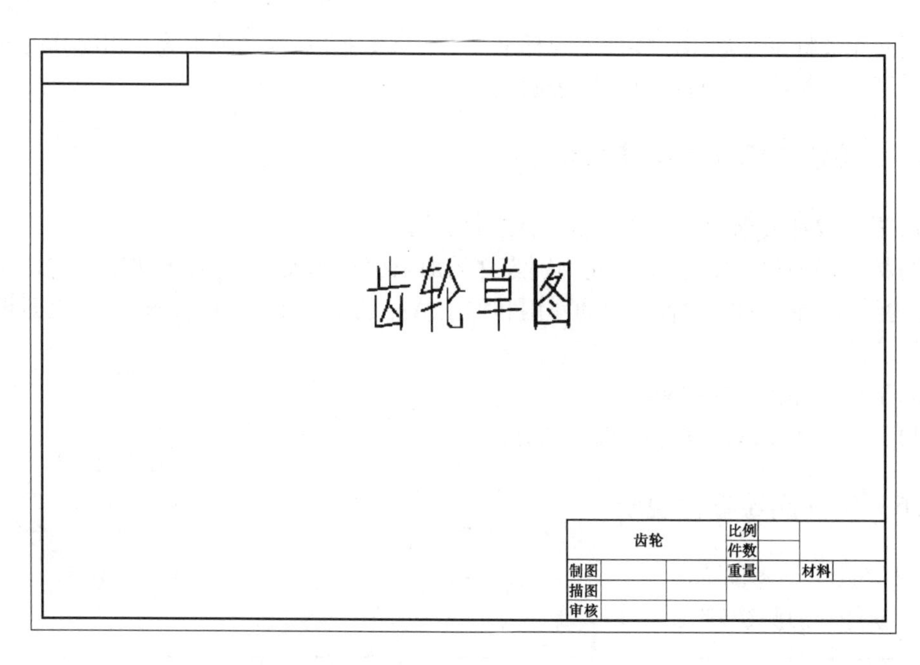

附图 3.2 齿轮草图

(3)零件二的测绘(附图 3.3)。

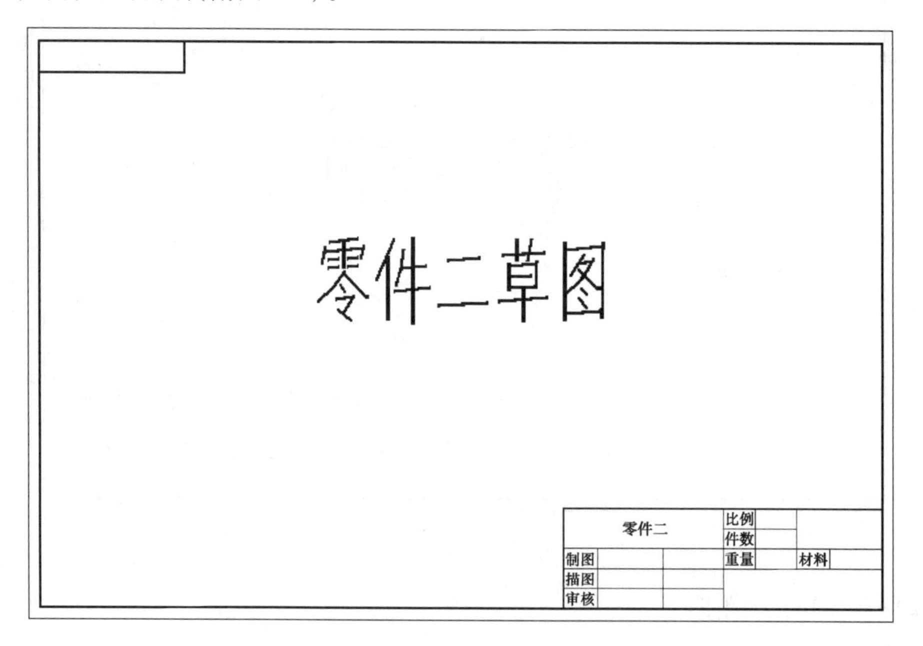

附图 3.3 零件二草图

3.7 绘制装配图

(1)画装配图。

根据装配示意图和零件草图绘制装配图,这是测绘的主要任务,装配图不仅要求表达出机器的工作原理、装配关系以及主要零件的结构形状,还要检查零件草图上的尺寸是否协调合理。在绘制装配图的过程中,若发现零件草图上的形状或尺寸有错,应及时更改,再继续画装配图。本次任务是本组同学合作完成零件草图及零件CAD图的测绘。

(2) 填写技术要求。

装配图画好后必须注明该机器或部件的规格、性能及装配、检验、安装时的尺寸,还必须用文字说明或采用符号标注形式指明机器或部件在装配调试、安装使用中必需的技术条件。

(3)零件编号、零件明细表和标题栏。

按规定要求填写零件序号和零件明细表、标题栏的各项内容。

最后应仔细检查完成的装配图。在完成以上测绘任务后,对图样进行全面检查、整理。附图3.4是我画的减速器装配图。

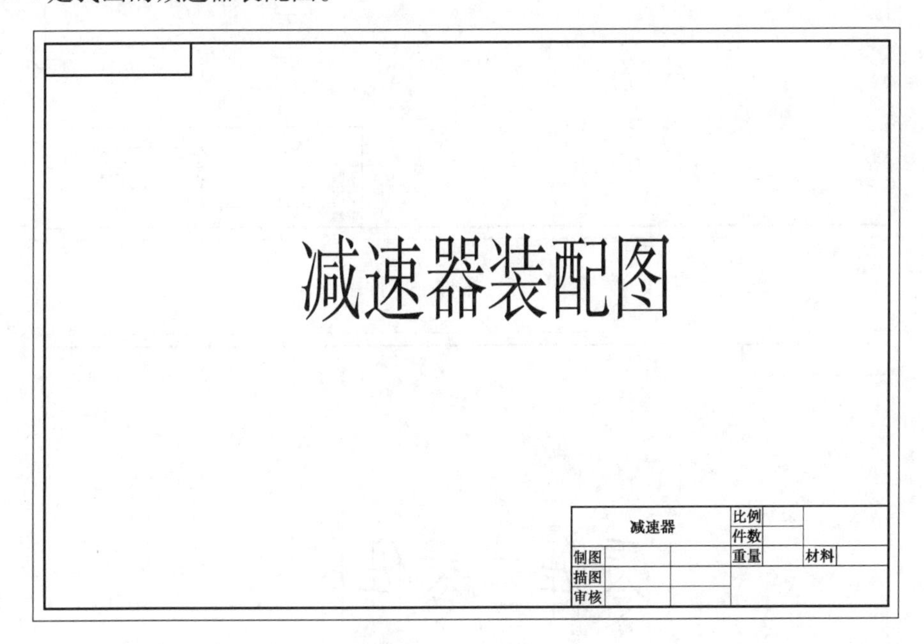

附图3.4　减速器装配图

3.8　绘制零件工作图

画零件图是在零件草图以及经过画装配图进一步校核后进行的,从零件草图到零件图的过程不是简单的重复照抄,需要重复检查,对于零件的视图表达、尺寸标注以及技术要求等存在的不合理之处,在绘制零件图时应进行修正

零件一零件图和零件二零件图如附图3.5~3.6所示。

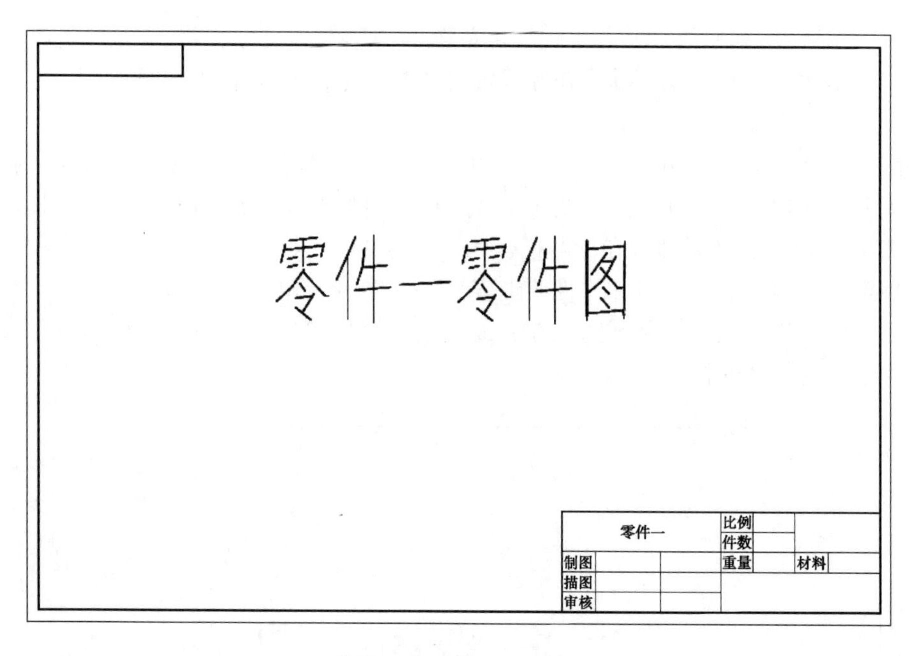

附图 3.5　零件一零件图

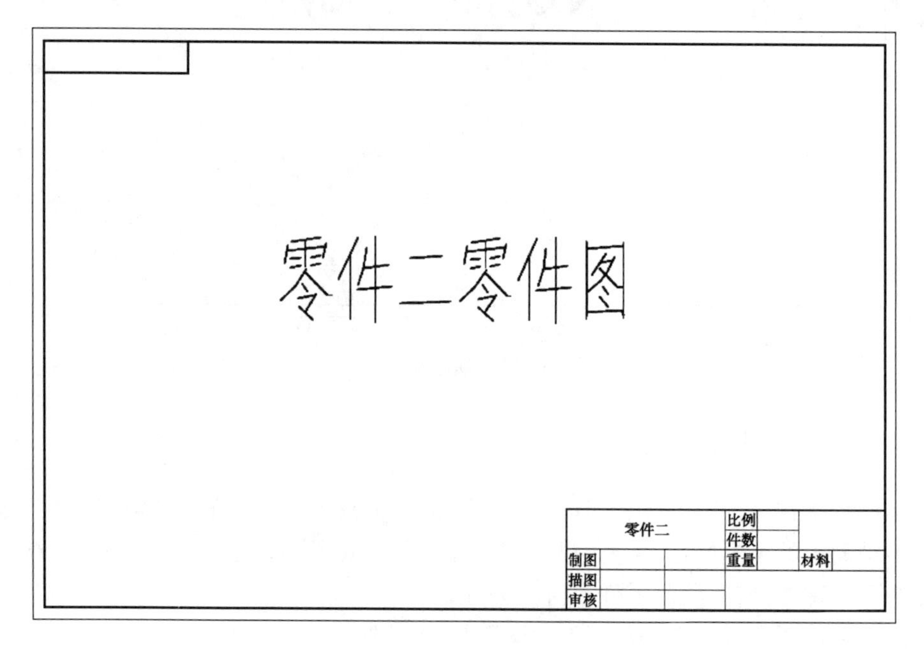

附图 3.6　零件二零件图

4 结果与结论

4.1 结 果

设计中,我们一组同学共同完成了一级直齿圆柱齿轮减速器的测绘,全部非标零件的草图及零件 CAD 图。我个人完成了减速器的装配图 CAD 图和 2 张零件图尺规图。

4.2 结 论

通过本次设计,锻炼了自己综合运用机械制图的理论,结合实际机件绘制标准机械图样的能力,并使所学知识得到进一步的巩固和深化。通过测绘实践,将所学理论和生产实践更好地结合起来,牢固地掌握制图知识,提高绘制机械图样的基本技能。

5 收获与致谢

机械制图工程实践是学习“机械制图”课程的一个非常重要的实践环节。通过对一级直齿圆柱齿轮减速器的测绘,让我们全面地、系统地复习“机械制图”课程所要求掌握的基础理论、基本知识和基本技能,进一步提高绘图、读图的质量和速度,为后续课程打下基础。测绘过程是苦的,早上大家起得又早,中午又不休息,吃完饭就拿着工具出去了,早上有点冷,但得能够坚持。测绘过程中还体现出了团结精神,特别是零件测量的时候。有绘图的,有计算记录的,有读数的,大家各司其职,没有一个是闲着的。初期我们画得不快,随着大家对过程慢慢地熟悉,大家的配合越来越好,不一会儿基本图形就呈现出来了,十天下来大家都感到非常累,但是很充实!

特别感谢 X 老师、X 老师的辛勤付出。

参 考 文 献

[1] 何铭新,钱可强,徐祖茂. 机械制图[M]. 北京:高等教育出版社,2017.
[2] 何铭新,钱可强,徐祖茂. 机械制图习题集[M]. 北京:高等教育出版社,2017.
[3] 成大先. 机械设计手册[M]. 6 版. 北京:化学工业出版社,2017.

附 件

装配示意图 1 张,零件草图 2 ~ 5 张,CAD 绘制的装配图 1 张,CAD 绘制的零件图 2 ~ 5 张,尺规绘制的零件图 1 张。

参 考 文 献

[1] 李广军,张生坦.机械制图零部件测绘指导[M].哈尔滨:哈尔滨工程大学出版社,2018.
[2] 何铭新,钱可强,徐祖茂.机械制图[M].北京:高等教育出版社,2017.
[3] 裴承慧,刘志刚.机械制图测绘实训[M].北京:机械工业出版社,2017.
[4] 成大先.机械设计手册[M].6版.北京:化学工业出版社,2017.